# 五谷杂粮知多少

王子安◎主编

汕頭大學出版社

图书在版编目（CIP）数据

五谷杂粮知多少 / 王子安主编. -- 汕头 : 汕头大学出版社, 2012.5（2024.1重印）
ISBN 978-7-5658-0768-8

Ⅰ. ①五… Ⅱ. ①王… Ⅲ. ①杂粮－青年读物②杂粮－少年读物 Ⅳ. ①S5-49

中国版本图书馆CIP数据核字(2012)第096725号

五谷杂粮知多少

主　　编：王子安
责任编辑：胡开祥
责任技编：黄东生
封面设计：君阅天下
出版发行：汕头大学出版社
　　　　　广东省汕头市汕头大学内　邮编：515063
电　　话：0754-82904613
印　　刷：三河市嵩川印刷有限公司
开　　本：710 mm×1000 mm　1/16
印　　张：16
字　　数：90千字
版　　次：2012年5月第1版
印　　次：2024年1月第2次印刷
定　　价：69.00元
ISBN 978-7-5658-0768-8

# 前言

浩瀚的宇宙,神秘的地球,以及那些目前为止人类尚不足以弄明白的事物总是像磁铁般地吸引着有着强烈好奇心的人们。无论是年少的还是年长的,人们总是去不断的学习,为的是能更好地了解我们周围的各种事物。身为二十一世纪新一代的青年,我们有责任也更有义务去学习、了解、研究我们所处的环境,这对青少年读者的学习和生活都有着很大的益处。这不仅可以丰富青少年读者的知识结构,而且还可以拓宽青少年读者的眼界。

食物是人的第一需求资源,为人类提供着人体所需的各种营养元素与能量。食物的种类丰富多样,诸如主食、蔬菜、水果、水等,均是食物。食物与食品虽然一字之差,但意义却有着不同。食品主要是经历了工业化、加工化的食物,比如各种方便食品、饮料、罐头、点心等等。由于食物对于人体的重要性,尤其是中国自古以来就有的“民以食为天”传统,所以中国也就诞生了博大精深的美食文化。本书为读者呈现了五谷杂粮、美味蔬菜、甜香水果、甜蜜点心、香醇的清酒等可读性内容,从而扩大青少年读者的知识容量,提高青少年的知识层面,丰富青少年读者的知识结构。

综上所述,《五谷杂粮知多少》一书记载了与人类生活息息相关的五谷杂粮知识中最精彩的部分，从实际出发，根据读者的阅读要求与阅读口味，为读者呈现最有可读性兼趣味性的内容，让读者更加方便地了解历史万物，从而扩大青少年读者的知识容量，提高青少年的知识层面，丰富读者的知识结构，引发读者对万物产生新思想、新概念，从而对世界万物有更加深入的认识。

此外，本书为了迎合广大青少年读者的阅读兴趣，还配有相应的图文解说与介绍，再加上简约、独具一格的版式设计，以及多元素色彩的内容编排，使本书的内容更加生动化、更有吸引力，使本来生趣盎然的知识内容变得更加新鲜亮丽，从而提高了读者在阅读时的感官效果，使读者零距离感受世界万物的深奥、亲身触摸社会历史的奥秘。在阅读本书的同时，青少年读者还可以轻松享受书中内容带来的愉悦，提升读者对万物的审美感，使读者更加热爱自然万物。

尽管本书在制作过程中力求精益求精，但是由于编者水平与时间的有限、仓促，使得本书难免会存在一些不足之处，敬请广大青少年读者予以见谅，并给予批评。希望本书能够成为广大青少年读者成长的良师益友，并使青少年读者的思想得到一定程度上的升华。

2012年7月

# 目 录

contents

## 第一章 稻 类



## 第二章 麦 类



## 第三章 豆 类

## 第四章　薯　类



## 第五章　玉　米

# 第一章

# 稻类

人类的生活生产都离不开五谷杂粮，然而作为人类重要粮食作物之一的稻类，它的耕种与食用的历史都相当悠久。现时全世界有一半的人口食用稻，主要在亚洲、欧洲南部和热带美洲及非洲部分地区。稻的总产量占世界粮食作物产量第三位，低于玉米和小麦，但能维持较多人口的生活，所以联合国将2004年定为“国际稻米年”。

稻米是中国人的主食之一，由稻子的子实脱壳而成。稻米中氨基酸的组成比较完全，蛋白质主要是米精蛋白，易于消化吸收，无论是家庭用餐还是去餐馆，米饭都是必不可少的。大米中各种营养素含量虽不是很高，但因人们食用量大，故其也具有很高营养功效，是补充营养素的基础食物；米粥具有补脾、和胃、清肺功效。

稻类，按其生存环境的不同，可以分为水稻和旱稻（陆稻），按成熟时期一般又分为早稻、中稻和晚稻。

本章将按照稻类的不同分类方法来详细介绍稻类。

# 旱稻与水稻

## ◆旱　稻

旱稻，性耐旱，适于旱地种植的栽培稻，亦称陆稻，泛指能适应生长于无垠旱地、坡地及干旱生态环境下的栽培稻类，是水稻的变异型。

1.地理分布

旱　稻

陆稻（旱稻）的原始栽培可追溯到7000年前，通常种植于热带、亚热带的山区、半山区的坡地、台地或温带的少雨旱地。陆稻和水稻在形态、生理上有不少差别，但一般在缺水状况下才表现明显。陆稻种子发芽时需氧较多，吸水力较强，而需水量较少，在15℃的温度下发芽较水稻快。芽鞘较短，中茎较长，第一、二完全叶较大，对氯酸钾的抗毒性较强。陆稻的粗根比例较大，根系发达，分布较深。主根上产生均匀的细根，根冠比较高，抗旱性强。在水田种植的陆稻和水稻，其根系的差异并不明显。陆稻的叶面积大，叶片生长缓慢，叶的中筋较厚，维管束和导管的面积较大，表皮较厚，气孔数较少，厚壁细胞较小，这些特性都与耐旱性较强有关。绝大部分陆稻品种的叶色淡绿，叶片长而下垂。

全世界陆稻种植面积约1900万

旱 稻

公顷，占栽培稻总面积12.7%，其中，亚洲1216万公顷，占64%，主要分布在南亚和东南亚；拉丁美洲475万公顷，占25%，主要种植于巴西、哥伦比亚和智利；非洲209万公顷，占11%，主要分布于西非。美国南部墨西哥湾沿岸也有少量分布。陆稻具有耐旱、耐瘠、适应性广等特点，在全球人口膨胀、气候变暖、水资源短缺或大面积旱

旱 稻

旱　稻

旱　稻

灾的情况下，陆稻的开发和利用对保障全球粮食安全具有特殊的意义。

2.栽培技术

中国科学家已在节水抗旱稻的研究上已经取得一定的突破,中国水稻研究所，中国农业大学等大学和研究机构都取得了不少研究成果。其中上海市农业生物基因中心已建立起科学的抗旱性评价系统，筛选出优异的抗旱性种质，获得了一批抗旱候选基因。利用旱稻的节水抗旱性和水稻的丰产性，育成世界上第一个杂交旱稻不育系，在国际上率先实现了杂交旱稻的三系配套，培育成一批节水抗旱稻种。目前国内多个研究所(院校)培育已经通过审定的品种有：旱稻502 旱稻277旱稻297 旱9710 中旱3号 郑旱2号 丹旱稻4号 京优13辽旱403 旱稻271 郑旱6号 赣农旱稻1号 绿旱1号 旱稻65 旱稻9号 旱丰8号（原名：沈农99~8）辽旱109夏旱51 中作59

旱 稻

丹旱稻2号（原名：K150）等。

3.病虫草防治

稻田除草应以化学除草为主，人工拔草为辅。化除除草以土壤封闭处理为主，茎叶处理为辅。

（1）土壤处理。每1/15公顷用50%杀草丹乳油300~500克，加水60~70千克，播种后均匀喷雾，药效期30天。另外，还可选用丁草胺、除草醚、恶草灵等药剂。

（2）茎叶处理。如果没有喷药进行土壤处理，或土壤处理药效已过，又有大量杂草出土，应及时向杂草茎叶喷雾灭草。可供选用的药剂有：敌稗、敌稗+苯达松、杀草丹+二甲四氮。

（3）防治病虫害。常见的地下害虫有蛴螬、蝼蛄、金针虫、地老虎等，播种时可进行药剂拌种或撒毒饵。常用药剂：50%辛硫磷，用量为种子量的0.2%~0.3%；50%甲基异柳磷，用量为种子量的

0.2%~0.3%；50%的1605乳油，用量为种子量的0.3%。每1/15公顷也可用5%辛硫磷颗粒剂1.0~1.5千克或50%辛硫磷乳剂100~150克，加细土20~25千克，均匀撒施全田，结合耕耙施入。稻纵卷叶螟多发期一般在7月下旬至8月中旬，可在盛卵高峰期普查新卷叶尖，当查到每百丛新卷叶尖有40~50个（或有幼虫10~15条）时就要防治，常用药剂：50%杀螟松1：1000倍液、50%甲胺磷1：1500倍液、50%辛硫磷1：1000倍液。若防治失时，形成卷叶，可用叶蛾必杀防治。稻瘟稻在本地区发生时间在7月底、8月初。每1/15公顷可用三环唑100~150克，加水50千克喷雾防治。

4.研究意义

（1）水稻旱作能充分利用自然降水，使水稻的种植不再受到人工灌水的限制，从而可大力扩大水稻种植面积，提高稻谷产量。

（2）有利于对低洼地、水沙地、河边、山间出水地的改造。这样的地块种植水田缺少灌溉条件，种植旱田夏季易涝，常年粮食产量极低，而改为水稻旱作粮食产量可成倍增长，经济效益可较大的提高。

（3）水稻旱作因充分利用自然降水，因而能节约大量的农业用水，降低生产成本，提高经济效益。

包括中国科学院院士洪孟民、张启发在内的多位农业科学家指出，干旱缺水已成为中国粮食安全保障的关键性制约因素。有关统计资料显示，中国农业用水占到总用水量的70%，但农业灌溉水利用率

旱　稻

仅为每立方米产粮0．8公斤，不及发达国家的40%。这种高耗低效导致了对水土资源的过度开发和生态环境的恶化。中国人均占有水资源量只有世界人均占有量的四分之一，属水资源脆弱国。而且中国水资源时空分布极不均匀，地区之间、季节之间降雨量差别极大。特别是7月中旬以后，雨水减少的趋向最明显，这个时候正处水稻等主要农作物灌浆成熟的关键生长期，对水的需求最大。2005广西严重干旱,导致很多地区粮食作物颗粒无收。据专家预测，中国只要在玉米、小麦、水稻和秋杂粮的种植领域内实现节水品种的突破，就具备421亿立方米的节水潜力，而且还具有不需工程和设施投入、农民易于接受和使用的优势。

### ◆水　稻

水稻原产亚洲热带，在中国广为栽种后，逐渐传播到世界各地。水稻所结稻粒去壳后称大米或米。世界上近一半人口，都以大米为食。大米的食用方法多种多样，有米饭、米粥、米饼、米糕、米线等。水稻除可食用外，还可以酿酒、制糖作工业原料，稻壳、稻秆

旱　稻

也有很多用处。

1.植物简述

水稻是一年生禾本科植物，高约1.2米，叶长而扁，圆锥花序由许多小穗组成。水稻喜高温、多湿、短日照，对土壤要求不严，水稻土最好。幼苗发芽最低温度10℃～12℃，最适28℃～32℃。分蘖期日均20℃以上，穗分化适温30℃左右；低温使枝梗和颖花分化延长。抽穗适温25℃～35℃。开花最适温30℃左右，低于20℃或高于40℃，受精受严重影响。相对湿度50%～90%为宜。穗分化至灌浆盛期是结实关键期；营养状况平衡和高光效的群体，对提高结实率和粒

水　稻

重意义重大。抽穗结实期需大量水分和矿质营养；同时需增强根系活力和延长茎叶功能期。每形成1千克稻谷约需水500～800千克。

水稻属须根系，不定根发达，穗为圆锥花序，自花授粉。是一年生栽培谷物。秆直立，高30～100厘米。叶二列互生，线状披针形，叶舌膜质，2裂。圆锥花序疏松；小穗长圆形，两侧压扁，含3朵小花，颖极退化，仅留痕迹，顶端小花两性，外稃舟形，有芒；雄蕊6；退化2花仅留外稃位于两性花之下，常误认作颖片、颖果。原产于中国，是世界主要粮食作物之一。

中国水稻播种面占全国粮食作

水 稻

物的1/4，而产量则占一半以上。栽培历史已有14000～18000年。为重要粮食作物；除食用颖果外，可制淀粉、酿酒、制醋，米糠可制糖、榨油、提取糠醛，供工业及医药用；稻秆为良好饲料及造纸原料和编织材料，谷芽和稻根可供药用。水稻所结子实即稻谷，去壳后称大米或米。世界上近一半人口，包括几乎整个东亚和东南亚的人口，都以稻米为食。水稻主要分布在亚洲和非洲的热带和亚热带地区。稻的栽培历史可追溯到约西元前12000～16000年前的中国湖南。在1993年，中美联合考古队在道县玉蟾岩发现了世界最早的古栽培

稻，距今约14000～18000年。水稻在中国广为栽种后，逐渐向西传播到印度，中世纪引入欧洲南部。除称为旱稻的生态型外，水稻都在热带、半热带和温带等地区的沿海平原、潮汐三角洲和河流盆地的淹水地栽培。种子播在准备好的秧田上，当苗龄为20～25天时移植到周围有堤的水深为5～10厘米的稻田内，在生长季节一直浸在水中。

收获的稻粒称为稻谷，有一层外壳，碾磨时常把外壳连同米糠层一起去除，有时再加上一薄层葡萄糖和滑石粉，使米粒有光泽。碾磨时只去掉外壳的稻米叫糙米，富含淀粉，并含约8%的蛋白质和少量脂肪，含硫胺、烟酸、核黄素、铁和钙。碾去外壳和米糠的大米叫精米或白米，其营养价值大大降低。米的食用方法多为煮成饭。在东方、中东及许多其他地区，米可配以各种汤、配菜、主茶食用。碾米的副产品包括米糠、磨得很细的米糠粉和从米糠提出的淀粉，均用作饲料。加工米糠得到的油既可作为食品也可用于工业。碎米用于酿

水　稻

酒、提取酒精和制造淀粉及米粉。稻壳可做燃料、填料、抛光剂，可用以制造肥料和糠醛。稻草用作饲料、牲畜垫草、覆盖屋顶材料、包装材料，还可制席垫、服装和扫帚等。稻的主要生产国是中国、印度、日本、孟加拉国、印度尼西亚、泰国和缅甸。其他重要生产国有越南、巴西、韩国、菲律宾和美国。上个世纪晚期，世界稻米年产量平均为4000亿公斤左右，种植面积约1.45亿公顷。世界上所产稻米的95%为人类所食用。

水稻除称为旱稻的生态型外，稻都在热带、亚热带和温带等地区的沿海平原、潮汐三角洲和河流盆地的淹水地栽培（水稻）。种子播在准备好的秧田上，当苗龄为20～25天时移植到周围有堤的水深为5～10厘米的稻田内，在生长季节要一直浸在水中。

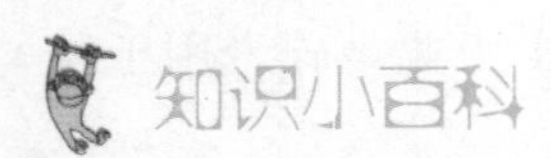


## 旱稻与水稻的区别

要了解稻，最基本的分法，往往先根据稻生长所需要的条件，也就是水份灌溉来区分，因此稻又可分为水稻和旱稻。但多数研究稻作的机构，都针对于水稻，旱稻的比例较少。

旱稻又可称陆稻，它与水稻的主要品种其实大同小异，一样有籼、粳两个亚种。有些水稻可在旱地直接栽种（但产量较少），也能在水田中栽种。旱稻则具有很强的抗旱性，就算缺少水份灌溉，也能在贫瘠的土地上结出穗来。旱稻多种在降雨稀少的山区，也因地域不同，演化出许多特别的山地稻种。目前旱稻已成为人工杂交稻米的重要研究方向，可帮助农民节省灌溉用水。

有一说最早的旱稻可能是占城稻。中国古籍宋史《食货志》就曾经记载，“遣使就福建取占城稻三万斛，分给三路为种，择民田之高仰者莳之，盖旱稻也……稻比中国者穗长而无芒，粒差小，不择地而生。”但目前仍有争议，原因就在于学者怀疑以地区气候来论，占城稻有可能是水稻旱种，而非最早的旱稻。

2.水稻种植

（1）整地

种稻之前，必须先将稻田的土壤翻过，使其松软，这个过程分为粗耕、细耕和盖平三个期间。过去使用兽力和犁具，主要是水牛来整

水　稻

地犁田，但现在多用机器整地了。

（2）育苗

农民先在某块田中培育秧苗，此田往往会被称为秧田，在撒下稻种后，农人多半会在土上洒一层稻壳灰；现代则多由专门的育苗中心使用育苗箱来使稻苗成长，好的稻苗是稻作成功的关键。在秧苗长高约八公分时，就可以进行插秧了。

水　稻

（3）插秧

将秧苗仔细的插进稻田中，间格有序。传统的插秧法会使用秧绳、秧标或插秧轮，来在稻田中做记号。手工插秧时，会在左手的大拇指上戴分秧器，帮助农人将秧苗分出，并插进土里。插秧的气候相当重要，如大雨则会将秧苗打坏。现代多有插秧机插秧，但在土地起伏大，形状不是方型的稻田中，还是需要人工插秧。秧苗一般会呈南北走向。还有更为便利的抛秧。

（4）除草除虫

秧苗成长的时候，得时时照顾，并拔除杂草、有时也需用农药来除掉害虫（如福寿螺）。

（5）施肥

秧苗在抽高，长出第一节稻茎的时候称为分蘖期，这段期间往往需要施肥，让稻苗健壮的成长，并促进日后结穗米质的饱满和数量。

（6）灌排水

水稻比较倚赖这个程序，旱稻的话是旱田，灌排水的过程较不一样，但是一般都需在插秧后，幼穗形成时，还有抽穗开花期加强水份灌溉。

（7）收成

当稻穗垂下，金黄饱满时，就可以开始收成，过去是农民一束一束，用镰刀割下，再扎起，利用打谷机使稻穗分离，现代则有收割机，将稻穗卷入后，直接将稻穗与稻茎分离出来，一粒一粒的稻穗就成为稻谷。

（8）干燥、筛选

收成的稻谷需要干燥，过去多在三合院的前院晒谷，需时时翻动，让稻谷干燥。筛选则是将瘪谷等杂质删掉，用电动分谷机、风车或手工抖动分谷，利用风力将饱满有重量的稻谷自动筛选出来。

3.种植区划分

水稻属喜温好湿的短日照作物。影响水稻分布和分区的主要生态因子：①热量资源一般≥10℃积温2000℃～4500℃的地方适于种一季稻，4500℃～7000℃的地方适于

种两季稻，5300℃是双季稻的安全界限，7000℃以上的地方可以种三季稻；②水分影响水稻布局，体现在“以水定稻”的原则；③日照时数影响水稻品种分布和生产能力；④海拔高度的变化，通过气温变化影响水稻的分布；⑤良好的水稻壤应具有较高的保水、保肥能力，又应具有一定的渗透性，酸碱度接近中性。

全国稻区可划分为6个稻作区和16个亚区。

（1）华南双季稻稻作区

位于南岭以南，中国最南部，包括闽、粤、桂、滇的南部以及台湾、海南省和南海诸岛全部。包括194个县（市）（暂不包括台湾省）水稻面积占全国的17.6%。

①闽粤桂台平原丘陵双季稻亚区

东起福建的长乐县和台湾省，西迄云南的广南县，南至广东的吴川县，包括131个县（市）年≥10 ℃积温6500℃～8000℃，大部分地方无明显的冬季特征。水稻生长期日照时数1200～1500小时，降水量1000～2000毫米。籼稻安全生育期（日平均气温稳定通过10℃始现期至≥22℃终现期的间隔天数，下同）212～253天；粳稻（日平均气温稳定通过≥10℃始现期至≥20℃终现期的间隔天数，下同）235～273天。稻田主要分布在江河平原和丘陵谷地，适合双季稻生长。常年双季稻占水稻面积的94%左右。稻田实行以双季稻为主的一年多熟制，品种以籼稻为主。主要病虫害是稻瘟病和三化螟。今后，应充分发挥安全生育期长的优势，防避台风，秋雨危害；选用抗逆，优质，高产品种；提倡稻草过腹还田，增施钾肥；发展冬季豆类，蔬菜作物和双季稻轮作制。

②滇南河谷盆地单季稻亚区

北界东起麻栗坡县，经马关、开远至盈江县，包括滇南41个县（市），地形复杂，气候多样。最南部的低热河谷接近热带气候特征，年≥10℃积温5800℃～7000℃，生长季日照时数1000～1300小时，降水量700～1600毫米。安全生育期：籼稻180 天以上，粳稻235天以上。稻田主要分布在河谷地带，种植高度上限为海拔1800～2400米。多数地方一年只种一季稻，白叶枯病，二化螟等为主要病虫害。今后，要改善灌溉条件，增加复种，改良土壤，改变轮歇粗耕习惯。

③琼雷台地平原双季稻多熟亚区

包括海南省和雷州半岛，共22个县（市）年≥10℃积温8000℃～9300℃，水稻生长季达300天，其南部可达365天，一年能种三季稻。生长季内日照1400～1800小时，降水800～1600毫米。籼稻安全生育期253天以上，粳稻273天以上。台风影响最大，土地生产力较低。双季稻占稻田面积的68%，多为三熟制，以籼稻为主。主要病虫害有稻瘟病，三化螟等。今后，要改善水肥条件，增加复种，扩大冬作，发挥增产潜力。

（2）华中双季稻稻作区

东起东海之滨，西至成都平原西缘，南接南岭，北毗秦岭、淮河，包括苏、沪、浙、皖、赣、湘、鄂、川8省（市）的全部或大部和陕、豫两省南部，是中国最大的稻作区，占全国水稻面积的67%。

①长江中下游平原双单季稻亚区

位于年≥5300 ℃等值线以北，淮河以南，鄂西山地以东至东海之滨。包括苏、浙、皖、沪、湘、鄂、豫的235个县（市）。年≥10℃积温4500℃～5500℃，大部分地区种稻一季有余，两季不足。粳稻安全生育期159～170天，粳稻170～185天。生长季降水700～1300毫米，日照1300～1500小时。春季低温多雨，早稻易烂秧死苗，但秋季温，光条件好，生产水平高。双季稻仍占2/5～2/3，长江以南部分平原高达80%以上。一般实行“早籼晚粳”复种。稻瘟病，稻蓟马等是主要病虫害。今后，要种好双季稻，扩大杂交稻，并对超高产品种下功夫，合理复种轮作，多途径培肥土壤。

②川陕盆地单季稻两熟亚区

以四川盆地和陕南川道平原为主体，包括川、陕、豫、鄂、甘5省的194个县（市）。年≥10℃积温4500℃～6000℃，籼稻安全生育期156～198天，粳稻166～203天，生长季降水800～1600毫米，日照7000～1000小时。盆地春温回升早于东部两亚区，秋温下降快。春旱阻碍双季稻扩展，目前已下降到3%以下，是全国冬水田最多地区，占稻田的41%。以籼稻为主，少量粳稻分布在山区。病虫害主要有稻瘟病和稻飞虱。今后，要创造条件扩种双季稻，丘陵地区增加蓄水能力，改造冬水

水　稻

田，扩种绿肥。

③江南丘陵平原双季稻亚区

年≥10℃积温5300℃线以南，南岭以北，湘鄂西山地东坡至东海之滨，共294个县（市）。年≥10℃积温5300℃～6500℃，籼稻安全生育期176～212天，粳稻206～220天。双季稻占稻田的66%。生长季降水900～1500毫米，日照1200～1400小时，春夏温暖有利于水稻生长，但“梅雨”后接伏旱，造成早稻高温逼熟，晚稻栽插困难。稻田主要在滨湖平原和丘陵谷地。平原多为冬作物—双季稻三熟，丘陵多为冬闲田—双季稻两熟，均以籼稻为主，扩种了双季杂交稻。稻瘟病，三化螟等为主要病虫害。水稻单产比其它两亚区低15%。今后，有条件的地区可发展“迟配迟”形式的双季稻，开发低丘红黄壤，改造中低产田。

（3）西南高原单双季稻稻作区

地处云贵和青藏高原，共391个县（市）。水稻面积占全国的8%。

①黔东湘西高原山地单双季稻亚区

包括黔中、东、湘西、鄂西南、川东南的94个县（市）。气候四季不甚分明。年≥10℃积温3500℃～5500℃。籼稻安全生育期158～178天，粳稻178～184天。生长季日照800～1100小时，降水800～1400毫米。北部常有春旱接伏旱，影响插秧、抽穗、灌浆。大部分为一熟中稻或晚稻，多以油菜–稻两熟为主。水稻垂直分布，海拔高地种粳稻，海拔低地种籼稻。稻瘟病，二化螟等为主要病虫

水 稻

害。粮食自给率低，30%～50%县缺粮靠外调。今后，仍需强调增产稻谷，它是脱贫的基础。低热川道谷地应积极发展双季稻。

②滇川高原岭谷单季稻两熟亚区

包括滇中北、川西南、桂西北和黔中西部的162个县（市）。区内大小“坝子”星罗棋布，垂直差异明显。年≥10℃积温3500℃～8000℃，籼稻安全生育期158～189天，粳稻 178～187天。生长季日照1100～1500小时，降水530～1000毫米。冬春旱季长，限制了水稻复种。以蚕豆（小麦）-水稻两熟为主，冬水田占稻田1/3以上。稻田最高高度为海拔2710米，也是世界稻田最高限。多为抗寒的中粳或早中粳类型。稻瘟病，三化螟等为害较重。今后，在海拔1500米以下河谷地带积极发展双季稻，在1200～2000米的谷地发展杂交稻为主的中籼稻并开发优质稻。

③青藏高寒河谷单季稻亚区

适种水稻区域极小，稻田分布在有限的海拔低的河谷地带，其中云南的中旬、德钦和西藏东部的芒康、墨脱等7县，有水稻，由于生产条件差，水稻单产低而不稳，但有增产潜力。

中国北方稻区稻作面积常年只有3千万亩，约占全国水稻播种面积的6%，以下仅作概括性的介绍。

（4）华北单季稻稻作区

位于秦岭、淮河以北，长城以南，关中平原以东，包括京、津、冀、鲁、豫和晋、陕、苏、皖的部分地区，共457个县（市）。水稻面积仅占全国3%。

本区有两个亚区：

①华北北部平原中早熟亚区。

②黄淮平原丘陵中晚熟亚区。

≥10℃积温3500℃～4500℃。水稻安全生育期约130～140天。生长期间日照1200～1600小时，降水

400～800毫米。冬春干旱，夏秋雨多而集中。北部海河，京津稻区多为一季中熟粳稻，黄淮区多为麦稻两熟，多为籼稻。稻瘟病，二化螟等为害较重。今后，要发展节水种稻技术，对稻田实行综合治理。

（5）东北早熟单季稻稻作区

位于辽东半岛和长城以北，大兴安岭以东，包括黑、吉全部和辽宁大部及内蒙古东北部，共184个县（旗，市）。水稻面积仅占全国的3%。

本区有两个亚区：

①黑吉平原河谷特早熟亚区；

②辽河沿海平原早熟亚区。≥10℃积温少于3500℃，北部地区常出现低温冷害。水稻安全生育期约100～120天。生长期间日照1000～1300小时，降水300～600毫米。近几年来，水稻扩展很快，品种为特早熟或中、迟熟早粳。稻瘟病和稻潜叶蝇等危害较多。今后，要加快三江平原建设，继续扩大水田，完善寒地稻作新技术体系，推广节水种稻技术。

水 稻

（6）西北干燥区单季稻稻作区

位于大兴安岭以西、长城、祁连山与青藏高原以北，银川平原、河套平原、天山南北盆地的边缘地带是主要稻区。水稻面积仅占全国的0.5%。

本区有三个亚区：

①北疆盆地早熟亚区；

②南疆盆地中熟亚区；

③甘宁晋蒙高原早中熟亚区。≥10℃积温2000℃～5400℃。水稻安全生育期100～120天。生长

期间日照1400～1600小时，降水30～350毫米。种稻完全依靠灌溉。基本为一年一熟的早、中熟耐旱粳稻，产量较高。稻瘟病和水蝇蛆为害较重。旱、沙、碱是三大障碍。要推行节水种稻技术，增施农家肥料，改造中低产田。

4.水稻分类

（1）籼稻

籼稻一般株高多在1米以上，茎秆较软，叶片宽，色泽淡绿，剑叶开度小。叶片茸毛多，有短小茸毛散生于颖壳。大多为无芒或短芒，谷粒细长而稍扁平，一般长度为宽度的二倍以上。谷粒易脱落。较耐湿、耐热和耐强光，但不耐寒。

籼　稻

籼　稻

杂交也可以获得杂种，但杂种一代的结实率较低。籼稻的许多性状比粳稻更近似于普通野生稻，因而认为籼稻是基本型，而粳稻是变异型。

籼稻，栽培稻的一个亚种。最先由野生稻驯化形成的栽培稻。与粳稻比较：分蘖力较强；叶片较宽，叶色淡绿，叶面茸毛较多；谷粒细长。稃毛短少，成熟时易落粒，出米率稍低；蒸煮的米饭黏性较弱，胀性大；比较耐热和耐强光，耐寒性弱。主要分布在中国和南亚、东南亚各国，以及热带非洲。中国主要分布在淮河、秦岭以南地区和云贵高原的低海拔地区。

籼　稻

（2）粳稻

①植物简介

粳稻，稻的一种，茎杆较矮，叶子较窄，深绿色，米粒短而粗，其米粒不粘。粳稻籽粒阔而短，较厚，呈椭圆形或卵圆形。籽粒强度大，耐压性能好，加工时不易产生碎米，出米率较高，米饭胀性较小。

田螺山遗址稻作遗存研究成果：粳稻起源在中国。

2004开始发掘的余姚田螺山遗址，由浙江省文物考古研究所与北京大学考古文博学院合作进行的《余姚田螺山遗址的自然遗存综合研究》研究课题，取得了重要学术

成果。其中“从长江下游小穗轴基盘看稻的驯化进程和驯化速度”这一研究成果已在3月20日出版的美国《科学》(Science)杂志发布。

研究结论认为，田螺山先民已经利用湿地种水稻，并且随着时间推移，栽培稻群体中的驯化稻的比例上升，原始野生习性减弱，稻谷产量增加。研究成果还认为田螺山遗址出土的栽培稻并不是最原始的栽培稻，长江下游地区的栽培历史还可以进一步上溯，早期栽培稻是采集经济的补充；亚洲栽培稻有两个起源中心，粳稻起源在中国，籼稻起源在印度，东南亚水稻是由长江流域传播过去的。英国《新科学家》周刊网站2011年5月2日报道：一些基因组研究人员在一篇通

粳 稻

过大规模基因重测序来追溯数千年进化史的研究论文中断言，稻起源于中国。刊登在最新一期《国家科学院学报》月刊上的这一研究成果表明，栽培稻可能早在将近9000年前就已在中国长江流域出现。早先的研究认为，栽培稻可能有两个源头——中国和印度。

亚洲稻是世界上最古老的农作物之一。它也是一种品种非常多的作物，在全世界有数以万计的品种。稻的两大亚种是粳稻和籼稻，包含了世界上大多数的品种。因为稻的品种是如此之多，以至其起源一直是科学辩论的话题。一种理论，即单一起源理论，认为粳稻和籼稻是经由同一源头从野生稻栽培而来。另一种理论，即多起源理论，认为这两种主要的亚种是在亚洲的不同地区分别栽培而来的。多起源理论近年来被广泛接受，因为生物学家在粳稻与籼稻间观察到了重大的基因差异，而且，中国和印度的数个研究稻品种之间进化关系的项目支持了这种观点。

在刊登于《国家科学院学报》的这篇论文中，研究人员使用早先公布的一些数据集(其中一些曾被用于支持粳稻和籼稻起源不同这种

粳 稻

论点)重新评估了栽培稻的进化史或者说是种系发生史。然而，在使用更为现代化的计算机算法后，研究人员断言，这两个亚种起源相同，因为它们之间的基因关系比它们与在印度或中国发现的任何野生稻品种之间的基因关系都更为密切。

该论文的作者还通过对采自众多野生稻和栽培稻品种的某些特定染色体上的630个基因片段进行重测序，研究了栽培稻的种系发生史。使用新的模型设计技术，他们的研究成果表明，基因序列数据与单一起源理论更相符。这些研究人员还使用稻基因的“分子钟”研究了稻的进化时间。他们确认，栽培稻起源于大约8200年前，而粳稻和籼稻的分化是在大约3900年前。他们指出，这些分子的鉴定年代与考

粳　稻

古研究结果相一致。考古学家在过去1 0年中发现有证据表明，大约8000到9000年前，在长江流域人类开始栽培稻，而在印度的恒河流域，人们大约于4000年前开始栽培稻。

②产品分类

粳稻根据其播种期、生长期和成熟期的不同，又可分为早粳稻、中粳稻和晚粳稻三类。一般早稻的生长期为90～120天，中稻为120～150天，晚稻为150～170天。它们的播种期和收获季节，由于各个地区气候条件的不同，也有很大的差异。

籼稻的性状比较接近于其祖先野生稻，所以有学者认为籼稻为基本型，粳稻为变异型。籼稻适宜于在低纬度、低海拔湿热地区种植，谷粒易脱落，较耐湿、耐热、耐强光，但不耐寒；粳稻则较适

粳　稻

于高纬度或低纬度的高海拔种植，谷粒不易脱落，较耐寒、耐弱光，但不耐高温，所以长 江中下游双季稻区的后季以及黄河以北一般采用粳稻品种。

在粮食业务上主要根据稻谷的性质和粒形鉴别，一般籼米粘性较差、粒型长而窄；粳稻米性粘、米粒短而圆。籼米与粳米蒸饭的粘度不同主要因为其淀粉组成不同，淀粉有直链淀粉和支链淀粉之分，支链淀粉富于粘性，蒸煮后能完 全糊化成粘稠的糊状，而直链淀粉只能形成粘度较低的糊状。 籼米含有较多的直链淀粉，所以粘性小于粳米，糯米几乎含有100%的支链淀粉，粘度很大，尤以粳糯(大糯)为甚。

粳　稻

如果从糯、粘来区分，则我国90%的水稻面积是粘稻，糯稻只占全部水稻面积的10%左右。糯稻是由枯稻发生单基 因突变而来，并且仅在谷粒的质地、粘度上有所差异。

随着作物遗传育种工作的进展，目前人们已通过籼稻与粳稻杂交从而制造出了不少介于籼、粳之间的中间型品种， 所以仅用籼型和粳型划分目前的水稻品种是有困难的。

③生产现状

我国常年水稻种植面积为2860～3000万公顷，其中粳稻为730万公顷，约占总面积的25.5%。截止2007年1月，我国有24个省区种植粳稻，但种植面积分布极不平衡。以2005年为例，种植面积最大的江苏省已达到189.6万公顷，最小的湖南省只有1066公顷。超过10万公顷 的省区有10个，但超过20万公顷的省区仅有7个，包括东北三省、江苏、浙江、云南和安徽。7省区植面积总和为630万公顷 ，占全国粳稻总面积的86.3%：产量为4489.6万吨，占全国粳稻总产量的86.5%。在这7个粳稻主产省区中，东北三省和江苏的种植面积分别为314万公顷和189.6万公顷，分别占全国粳稻总面积的43.0%和25.9%。产量分别为2118.9万吨和1567.5万吨，占全国粳稻总产量的40.1%和30.2%。东北三省和江苏的粳稻种植面积合计为503.6万公顷，约占全国粳稻总面积的69%；产量为3686.4万吨，占全国粳稻总产量的71.1%。由于近年国内粳米市场东北大米的价格持续走高，稻农种稻积极性空前高涨，水稻种植面积进一步扩大。据初步统计，2006年东北稻区水稻种植面积已超过335万公顷。

在我国粳稻生产总量中，东北三省和江苏的粳稻具有举足轻重的地位与作用。换言之，东北和江苏的粳稻生产，直接影响着我国粳米市场的稳定和人民的“口粮安全”。

④栽培技术

a.栽培管理

栽培上应围绕“增加栽插密度，前期促早发；中期健株壮秆。促进大穗形成；后期养根保叶，提高结实率”的高产栽培策略进行合理调控。10优18分蘖力中等，强调秧田期培育多蘖壮秧，通过稀落谷，达到移栽时单株带壮蘖3至4个。净秧板落谷量，旱育秧不超过

50千克/667平方米，湿润育秧和水育秧不超过40千克/667平方米，秧龄不超过35天。

b.施肥管理

秧田底肥一般施磷酸二铵12.5千克/667平方米，尿素7.5千克/667平方米，硫酸钾5.0千克/667平方米，硫酸锌1.5千克/667平方米。注意防治病虫草害。在壮秧的前提下，秧龄以30至35天为宜，移栽时浅插、匀栽。在中高肥力条件下，株行距13.3厘米×25厘米，每穴栽2至3株，栽足1.8至2.0万穴/667平方米，基本苗8至10万/667平方米左右。瘦田、迟栽田宜适当密植栽插密度可增至2.2万穴/667平方米。10优18根深叶茂，吸收能力强，无效生长少，养分和光合产物浪费少，肥料利用率高。肥水运筹宜采取“前促、中控、后略补”原则，氮、磷、钾肥配合使用，并注意施用锌肥。

施肥量视稻田肥力和产量指标而定，700千克/667平方米以上的田块要求每667平方米施氮15至20千克、五氧化二磷8至10千克、氧化钾15至20千克。相当于667平方米用尿素35至45千克,含磷量16%的钙镁磷肥45至50千克或磷酸二铵15至20千克、硫酸钾15至20千克。

c.施肥方式

在施肥方式上，底肥如以有机肥为主，用量不少于1800千克/667平方米；以化肥为主,化肥施用量占全生育期氮肥30%、磷肥100%、钾肥70%；分蘖肥主要是氮肥，在移栽后7至10天，亩施氮肥占全生育期用量的50%；穗肥在分蘖够苗、晒田复水后施用，亩施氮肥占全生育期用量的15%、钾肥25%；粒肥在抽穗后施用，施用时要视苗、天气酌情施用，群体叶色、叶色褪淡、天气多晴好的施粒肥，反之不施。一般粒肥施氮、钾肥占总量的5%，也可进行叶面喷施，用营养型的叶面肥在抽穗扬花期进行叶面喷雾。

d.灌溉管理

前期采用浅水灌溉（回青期），水稻插秧后，由于根系吸收水分的能力较弱，遇到高温、风大，叶片的蒸腾作用比较大。因此，插秧后应保持3至5厘米的水层。水稻返青后，采取间歇灌溉，即一次灌浅水，待自然落干，等到脚窝有水、田面无水时再灌一次水，如此循环。水稻分蘖够苗后，搁田控制无效分蘖的生长，增加土壤的通透性，达到长根壮秆、抗倒伏等作用。搁田的操作：对禾苗长势过旺、较早出现郁闭、叶下披、排水不良的低洼田块，要排水重搁，搁田程度为田面发白、田面开细裂、表面见白根、叶色褪淡挺直，控制无效分蘖生长，促进根系发达，壮秆。对生长势弱、灌水困难、漏水的田块，要采取轻露。孕穗期以湿润为主，保持田面有水层，抽穗期保持田间有浅水；灌浆期稻田干干湿湿，以增强土壤通透性,养好老稻，收获前7天左右断水，忌落水过早，以防早衰，影响米质和降低结实率。

e.病害管理

播前用浸种灵浸种防治恶苗病及干尖线虫；秧田期重点抓好稻蓟马、稻水象甲和稻飞虱等害虫防治及除草工作，一般用稻乐丰+吡虫啉和毒死蜱+住保+金吡各防治害虫一次；根据病虫害预报及时做好大田病虫害防治。栽后7天内用草克星+丁草胺适时进行化学除草，用杀虫双、吡虫啉、稻乐丰、氧化乐果等杀虫剂重点做好第1代和第2代二化螟、大螟、稻纵卷叶螟、稻飞虱等害虫的防治工作；在孕穗前、始穗期及齐穗期分别用井冈霉素防治纹枯病。

f.化学防治

随着种植制度的改变及氮肥用量的不断增加，水稻稻曲病发生面积及危害程度逐渐加重，因此，加强稻曲病防治对于10优18稳产、高产具有重要意义。目前，化学防治主要是在水稻破口前5至7天喷施杀菌剂。第一种为铜制剂，铜制剂在稻曲病防治应用最早的，其中天T的防效可达80%至96%，但该产品易发生药害，使用时应掌握好药量并注意喷施方式；第二种为抗菌素类，30%爱苗EC15至20毫升/667平方米对水稻稻曲病有良好的防治效果，对水稻生长不仅无药害，而且有显着的促进水稻生长和防早衰的作用；微生物农药“纹曲宁”水剂（2.5%井100亿活芽孢/毫升枯草芽孢杆菌）对稻曲病的防治效果平均为72.1%至83.6%；5%井冈霉素500倍液在破口前5至7天喷施，防治效果也可达80%以上。

知识小百科

## 粳稻和籼稻的区别

籼稻和粳稻是我国自古以来栽培稻的两大类型。籼、粳稻在特征特性上存在明显的差别。籼稻的米粒淀粉粘性较弱，胀性较大，谷粒狭长，颖毛短稀，叶绿、色较淡，叶面多茸毛，耐肥性较弱，叶片弯长，株型较松散，并有耐湿、耐热、耐强光、易落粒和对稻瘟病抵抗性较强等特征特性。

粳稻的米粒淀粉粘性较强，胀性较小，谷粒短圆，颖毛长密，叶绿、色较浓，叶面较光滑，耐肥性较强，叶片短直，株型紧凑，并有耐寒、耐弱光、不易落粒和对稻瘟病抵抗性较弱等特征特性。

由于水稻育各的进展，籼稻中也已培育出株型好、叶色深绿、耐肥性强、不易落粒的新品种，因此上述籼、粳稻的某些特征特性有所改变。但可以认为，在籼、粳稻的许多差别中，以谷粒开头和颖毛两项特征最为明显，故可把籼、粳稻的主要区别概括为：籼稻谷粒细长，横断面扁平，颖毛短而散生；粳稻谷粒宽而厚，横断面圆形，颖毛长而密生。

籼、粳稻的地理分布不同。籼稻比较适宜生长在高温、强光和多湿的热带及亚热带地区，在我国主要分布于华南热带和淮河以南的亚热带低地。粳稻比较适宜生长在气候暖和的温带热带高地，在我国主要分布于南部热带、亚热带的高地、华东太湖流域以及华北、西北、东北等温度较低的地区。

籼、粳稻的垂直分布也不同，同一热带地区，大体上在平地分布籼稻，在高地分布粳稻。

## 糯稻和非糯稻的区别

中国做主食的为非糯米，做糕点或酿酒用为糯米，两者主要区别在米粒粘性的强弱，糯稻粘性强，非糯稻粘性弱。粘性强弱主要决定于淀粉结构，糯米的淀粉结构以支链淀粉为主，非糯稻则含直链淀粉多。当淀粉溶解在碘酒溶液中，出于非糯稻吸碘性大，淀粉变成蓝色，而糯稻吸碘性小，淀粉呈棕红色。一般糯稻的耐冷和耐旱性都比非糯稻强。

此外，在水稻分类学上，根据稻作栽培方式和生长期内需水量的多少，有水稻和旱稻之分。旱稻，也称陆稻，是种植于旱地靠雨养或只辅以少量灌溉的的稻作，一生灌水量仅为水稻的1/4～1/10，适于低洼易涝旱地、雨水较多的山地及水源不足或能源紧缺的稻区种植。

（3）糯 稻

糯稻，禾本科一年生草本植物，是稻的粘性变种，其颖果平滑，粒饱满，稍圆，脱壳后称糯米，又名“江米”，外观为不透明的白色，与其他稻米最主要的区别是它所含的淀粉中以支链淀粉为主，达95%~100%，因而具有粘性，是制造粘性小吃如粽子、八宝粥、各式甜品和酿造甜米酒的主要原料。糯米富含蛋白质和脂肪，营养价值较高。

稻秆及根可作药用。

糯米性寒，作酒则性热。米含蛋白质、脂肪、糖类、钙、磷、铁、维生素。补中益气，暖脾胃，稻根止虚汗。糯米和胃、缓中，糯米的可溶性淀粉，易为人体所吸收，对胃病及虚弱者较适宜。糙糯米或半捣糯米煮稀饭，适用于一切慢性虚弱病人。

## 糯稻的药用价值

【烦渴不止】(包括枯尿病，尿崩症等)]糯米爆成“米花”和桑根白皮各30克，一日分2次，水煎服。大麦芽各30克，水煎服。

【胃病，慢性胃炎，百、十二脂肠溃疡】糯米稀饭，煮至极烂，日常饮食极好。或加红枣7~8个同煮更好。

【夜尿频数】纯糯米磁，一手大，炙令软热，谈之，以温酒送下（不饮酒，温汤下)，行坐良久，待心间空，便睡，一夜十余行者，当夜即止，其效如神《苏沈良方》。

（4）杂交水稻

①产生原理

杂交水稻

杂交水稻是通过不同稻种相互杂交产生的，而水稻是自花授粉作物，对配制杂交种子不利。要进行两个不同稻种杂交，先要把一个品种的雄蕊进行人工去雄或杀死，然后将另一品种的雄蕊花粉授给去雄的品种，这样才不会出现去雄品种自花授粉的假杂交水稻。可是，

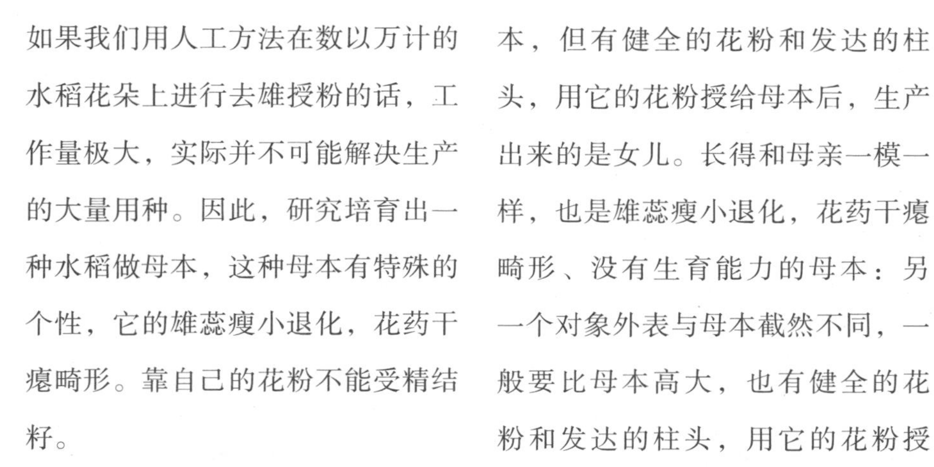

如果我们用人工方法在数以万计的水稻花朵上进行去雄授粉的话，工作量极大，实际并不可能解决生产的大量用种。因此，研究培育出一种水稻做母本，这种母本有特殊的个性，它的雄蕊瘦小退化，花药干瘪畸形。靠自己的花粉不能受精结籽。

为了不使母本断绝后代，要给它找两个对象，这两个对象的特点各不相同：第一个对象外表极像母本，但有健全的花粉和发达的柱头，用它的花粉授给母本后，生产出来的是女儿。长得和母亲一模一样，也是雄蕊瘦小退化，花药干瘪畸形、没有生育能力的母本：另一个对象外表与母本截然不同，一般要比母本高大，也有健全的花粉和发达的柱头，用它的花粉授给母本后，生产出来的是儿子，长得比父、母亲都要健壮。这就是我们需要的杂交水稻，一个母本和它

的两个对象，人们根据它们各自不同特点，分别起了三个名字：母本叫做不育系，两个对象，一个叫做保持系，另一个叫做恢复系，简称为“三系”。有了“三系”配套，我们就知道在生产上是怎样配制杂交水稻的了：生产上要种一块繁殖田和一块制种田，繁殖田种植不育系和保持系，当它们都开花的时候，保持系花粉借助风力传送给不育系，不育系得到正常花粉结实，产生的后代仍然是不育系，达到繁殖不育系目的。可以将繁殖来的不育系种子，保留一部分来年继续繁殖，另一部分则同恢复系制种，当制种田的不育系和恢复系都开花的时后，恢复系的花粉传送给不育系，不育系产生的后代，就是提供

大田种植的杂交稻种。由于保持系和恢复系本身的雌雄蕊都正常，各自进行自花授粉，所以各自结出的种子仍然是保持系和恢复系的后代。

杂交水稻之父

②施肥法

基施有机肥据测定，在杂交水稻的总需肥量中，有50%～60%的氮和70%的磷、钾来自土壤，施肥不足就会过多消耗土壤中的养分而降低肥力，增施有机肥是提高肥力的重要途径。因此，在杂交水稻生产中有机肥的施用量应占全期施肥量的40%。

早施分蘖肥早稻在插秧后5天，晚稻在插秧后3天，即可追施分蘖肥。分蘖肥宜分次施用，第一次亩施尿素6～7.5公斤，隔7天左右，根据苗情，对生长差的田块，再亩施尿素4公斤；对施有机肥少和缺钾的田块，应亩施钾肥5～7.5公斤。

看苗施穗肥穗肥因施用时间不同，可分为促花肥和保花肥。凡是前期施肥适当、苗情较好的，一般应以保花增粒为重点，只施保花肥，每亩施尿素2.5公斤左右。如果前期施肥不足，群体苗数偏少，个体长势较差，促花肥与保花肥都要施，每次每亩施尿素5公斤。杂交水稻对钾肥需求量大，应在晒田复水后结合追施氮肥，每亩追施钾肥2.5公斤左右。

杂交水稻

看苗施粒肥抽穗前苗色过淡的田块，每亩施尿素22.5公斤；齐穗后过早落黄的田块，每亩施尿素2.5～3公斤；生长正常的田块，每亩用5～7.5公斤尿素对水50公斤喷施。由于杂交水稻生长后期对磷、钾的需求量较大，应在始穗前4～6天或齐穗后 2～3天，每亩用磷酸二氢钾150～200克对水50公斤，对生长差的田块喷施。

③研究意义

中国农民说，吃饭靠“两平”，一靠邓小平（责任制），二靠袁隆平（杂交稻）。西方世界称，杂交稻是“东方魔稻”，他的另一个称号是“中国魔稻”。他的成果不仅在很大程度上解决了中国人的吃饭问题，而且也被认为是解决下个世纪世界性饥饿问题的法宝。国际上甚至把杂交稻当作中国继四大发明之后的第五大发明，誉为“第二次绿色革命”。

# 早稻、中稻与晚稻

### ◆早　稻

栽培时间较早且成熟早的南方籼稻，以产季不同区分于中稻、晚稻。

根据水稻播种期、生长期和成熟期的不同，又可分为早稻、中稻和晚稻三类。一般早稻的生长期为90～120天，中稻为120～150天，晚稻为150～170天。它们的播种期和收

获季节，由于各个地区气候条件的不同，也有很大的差异。

1.适宜播种期

早稻生产的大米称为早籼米或早米，口感较差，一般作为工业粮或储备粮。

确定早稻播种期：温度稳定在12℃~14℃时，是水稻发芽和生长的最低温度。而自然条件下，白天高于日平均温度，夜间低于日平均温度，以日平均温度10℃和12℃分别是粳稻和籼稻生长的最低温度。

早稻的适宜播期为：连续3天日平均温度稳定超过12℃，长江流域的适宜播期为3月下旬至4月上旬。随着纬度和海拔增加而温度降

早　稻

低，播期应推迟。在生产中，应注意当时的天气预报，应掌握在“冷尾暖头”抢晴播种。利用播后一段晴暖天气，使种子根早入土，到第二次冷空气来临时，秧苗已扎根立苗，不至于受低温冷害而造成烂种烂芽。

2.巧施水肥

干湿交替促早发。在正常年份，一般在插后10天开始分蘖，10~15天进入分蘖盛期，25天后停止分蘖，大体上有效分蘖终止期大都在插秧后20天左右，有效分蘖期仅有8~12天。如果阴雨天气多或过于密植，通风透光不良分蘖会推迟或减少；在常灌深水条件下，会使秧苗基部变软、土温降低、养分分解慢，不利于分蘖；只有干湿交替才能促进分蘖早发。因此，早稻移栽后应合理管水，促进早发，浅灌返青养苗水，水层以1.5~2厘米为宜，在此基础上做到看天管水，雨大、阴天可适当深一点，晴天浅一点，使水温、泥温高于气温2℃~3℃。分蘖期管水坚持干湿交替，以湿为主，灌水深度因田用水，黏土田及保水性好的田一般2厘米以内，保水性较差或砂壤土稍深些。

足肥早追攻早发。一是要早追，就是要抓住插后的有利天气，在插后的一个星期内施下，一般在插后2~5天内追施，可促进新叶早生、早分蘖。二是要足量，每亩追施尿素5~7.5公斤，追肥时保持

早 稻

浅水层2~3厘米左右，促进泥肥融合。三是缺肥田要重追，尿素每亩不少于7.5公斤。对迟插早稻田更要注意“以肥补迟”，达到前期促早发的目的，可增加分蘖和分蘖成穗。在施足碳铵、磷肥和适当施用有机肥的基础上，插后5天左右追施尿素10~12.5公斤，以达到促苗的目的。四是根据天气冷暖变化和冷浸烂泥田及僵苗情况，每亩补施硫酸钾或氯化钾3~4公斤和锌肥1公斤，做到在插后20天根治僵苗。当禾苗出现缺锌症状时，为防止禾苗缺锌僵苗，还可将硫酸锌配成0.1%~0.2%的水溶液，进行叶面喷雾，每亩用配制好的锌肥液50~60公斤，喷施时要特别注意，避免锌肥液大量灌入心叶，以免灼伤心叶。

早防病虫促早发。今年早稻生长期间病虫不容忽视，据测报资料介绍，早稻生长期间一代二化螟为偏重发生，卵孵化盛期为5月上中旬，早稻旱育秧既具备早发，又易为二化螟诱集产卵。因此要科学用药，以控制病害的蔓延，确保早发增苗增穗，获取高产。

中　稻

### ◆中　稻

半晚熟稻,一种在季节上处于早熟类型和晚熟类型之间的中熟类型稻。一般在早秋季节成熟，多数中粳品种具有中等的感光性，播种至抽穗日数因地区和播期不同而变化较大，遇短日高温天气，生育期缩短。中籼品种的感光性比中粳弱，播种至抽穗日数变化较小而相对稳定，因而品种的适应范围较广，华南稻区的迟熟早籼引至长江流域稻区可以作中稻种植。

◆晚　稻

1.晚稻免耕抛秧栽培的优点

（1）易于全苗

和免耕直播比较，抛栽到大田的秧苗经过精心培育已具备4～5叶，避免了谷种直播大田后，易被鸟鼠类取食及秧针期易遭福寿螺、稻象甲等危害造成严重缺苗的现象。

（2）早生快发，低节位分蘖成穗

抛栽大田的秧苗呈倾斜状立于耕层表面，根系在浅土层中迅速生发，大量横向、少量纵向在浅耕层中伸长分布。据测定：85%根系分布在1～10厘米土层中，15%分布于10～20厘米土层中，根部通透性

好，低节位分蘖多，有效蘖多；单株有效蘖比传统插秧法平均多1.5个，单株出叶提前3～5天。而耕耙抛秧及传统插秧由于根部入泥，分蘖节位被推高1～2节，有效分蘖率相对降低。传统插秧更由于秧苗经过移栽扦插根系损伤，通常插后秧苗需经过2～3天的返青期，免耕抛秧则由于根系带土入田，避免了返青过程，做到早生快发。

（3）省工省时，效益显著

一个熟练的劳动力1天可抛栽0.13～0.27公顷，是传统插秧的5倍；和耕耙抛秧比较，节省了耕耙田地所需的大量人畜力。

2.抛栽准备与秧苗管理

（1）育秧塑盘选择

各地育秧塑盘规格不一。为了抛栽后易于立苗，早生快发，宜选用孔径较大的规格塑盘，450～561孔规格塑盘均可，大约需600盘/公顷。

（2）秧地选择

宜选用地势平坦、排灌方便的闲田、菜园地，整平、压实成畦，规格为：宽120厘米、沟宽30厘米。浇足水摆盘，盘与盘之间紧贴不留间隙。

（3）营养泥浆的配制与装盘

选择肥沃的菜园土或河泥，去除砾石、草根、硬土粒、杂物，每50千克加优质复合肥0.5千克置于

晚　稻

预先挖好的地坑或大的瓦缸、水泥缸中，加水充分搅拌均匀成浓稀适中的泥浆，然后用勺装进秧盘孔穴中，泥浆不够可续配直至装足所需塑盘为止。装盘后让泥浆沉实到孔穴深度的2/3处即可供播种。

（4）播种期确定

由于晚季气温偏高，秧苗早生快发，用于抛栽的秧苗叶龄在3.5～4.5叶，秧龄短（一般以15～20天为宜），播种期就以最适抛秧日期上推15～20天做为确定的依据，一般在7月上旬。

（5）栽培品种的选择处理

用于抛秧的水稻品种通常选用抗性好、分蘖力强、茎秆粗壮、根系发达的品种，如T优175、宜优673、两优培九等。大田用种

15.0～22.5千克/公顷。播种前晒种1～2天，用强氯精水溶液浸种4～6小时，洗净，直接播种于已装浆沉实后的塑盘孔穴营养泥中，每孔2粒种，播后稍压让种子微露于泥表面，清除盘面残泥，加盖遮阳网或其他覆盖物，避免高温强照、暴雨冲刷。

（6）秧田管理

一叶一心期喷施150毫克/千克多效唑，促使植株矮壮多蘖；二叶一心期施1%尿素水溶液促进茎叶生长；三叶一心期至抛栽前2～3天适量施优质三元复合肥。秧田水管做到幼苗期保湿出苗；三叶期排干秧沟水以旱育为主，苗叶不卷不放水上秧板，抛栽适合叶龄3.5～4.5叶。

3.抛秧与大田栽培技术

（1）抛栽田的除草、平整与施肥

选择水源条件好、排灌方便的地块作抛栽田。前作早稻收割时应

晚稻

尽量割低，留桩高度在5～7厘米左右；收割后田间排水落干，晴天无雨时于收割当日或次日用20%克无踪、3千克/公顷对水900千克/公顷进行田间喷雾，稻桩杂草、落谷发芽苗均不可漏喷，喷后2小时若遇下雨必须重喷药，喷后1～2天覆水泡田，深度浸过稻桩顶部，3天后排浅水，清除田中杂草残渣，用锄铲平耕层脚印坑洼，简单整理形成平整层面。

（2）抛秧的基本操作方法

①抛秧日期以早稻收割日期加药剂除草、灌水进田、简易整地所需时间作为确定依据，一般在7月下旬。

②抛秧前1天施基肥，用尿素150千克/公顷、过钙375千克/公顷、氯化钾75 千克/公顷，或用优质复合肥525千克/公顷撒施。施肥前后田间保持浅水层（3厘米）。

③抛秧应选择风力小的阴天或晴天进行。抛掷方向应与风向平行，以免影响抛栽均匀度；抛栽时应选择合适的作业路线，避免漏抛、重复抛或抛出田外；抛秧的次序应由远及近，秧苗呈抛物线掷出，均匀散落田间；注意保留10%～15%秧苗待抛秧结束后进行补漏；田块较大的要留出30厘米工作行，抛后2～3天拾出工作行内秧苗酌情补苗，删密补稀。

晚　稻

④抛秧的密植规格一般为28丛/米$^2$。

（3）肥料管理

合理控施肥料，形成“早发缓降”群体发展态势，即前期早发，中期稳长，后期补早衰；适当控制

分蘖盛期氮肥施用量，抛栽后4～7天用尿素112.5千克/公顷、氯化钾75千克/公顷，加入1.5千克/公顷丁草胺撒施促早发和除杂草结合；此后为防早衰，在8月下旬用优质复合肥225千克/公顷做保花肥，始穗期喷施“粒粒饱”生长调花剂，以提早齐穗，增加粒重。

（4）水的管理

实行“浅、露、湿”灌溉法，抛秧后3～5天内，田面保持湿润不上水，促使早扎根立苗；遇晴天保持满沟水并开好“平水缺”，防止大雨造成田间积水引起苗株漂移；立苗扎根后灌浅水促蘖，当茎数达到预期穗数时适当搁田、轻晒田，控制无效分蘖。在植株倒2叶露尖时结合施保花肥和防治病虫害田中灌浅水层；以后采取干湿交替，促进根系深扎，保持株间温湿度以延缓根系衰老，实现增粒增重增产。

（5）病虫杂草防治

由于抛秧稻群体较大，应以病虫预报为依据严防螟虫、稻飞虱、纵卷叶螟、纹枯病等。抛栽15天后，排干水，用50%杂稗王375克/公顷、10%绿草隆可湿性粉剂300克/公顷对水555千克/公顷均匀喷雾除草，第2天覆浅水。

# 第二章 麦类

麦类是我国人民膳食生活中的五谷杂粮之一，是一种在世界各地广泛种植的禾本科植物，起源于中东地区。小麦是世界上总产量第二的粮食作物，仅次于玉米，而稻米则排名第三。

麦子可制成各种面粉（如精面粉、强化面粉、全麦面粉等），麦片及其他免烹饪食品。从营养价值看，全麦制品更好，因为全麦能为人体提供更多的营养，更有益于健康。祖国医学认为，麦子具有清热除烦、养心安神等功效，麦粉不仅可厚肠胃、强气力，还可以作为药物的基础剂，故有“五谷之贵”之美称。

麦类种类繁多，包括小麦、大麦、燕麦、黑麦等，本章将对以上四大麦类做详细的介绍。

# 小　麦

### ◆植物简介

小麦（古代：麸麦）、浮麦、浮小麦、空空麦、麦子软粒、麦一年或二年生草本植物。小麦是一种在世界各地广泛种植的禾本科植物，起源于中东地区。小麦是世界上总产量第二的粮食作物，仅次于玉米，而稻米则排名第三。小麦的颖果是人类的主食之一，磨成面粉后可制作面包、馒头、饼干、蛋糕、面条、油条、油饼、火烧、烧饼、煎饼、水饺、煎饺、包子、

小　麦

混沌、蛋卷、方便面、年糕、意式面食、古斯米等食物；发酵后可制成啤酒、酒精、伏特加，或生质燃料。小麦富含淀粉、蛋白质、脂肪、矿物质、钙、铁、硫胺素、核黄素、烟酸及维生素A等。因品种和环境条件不同，营养成分的差别较大。

小麦茎直立，中空，叶子宽条形，子实椭圆形，腹面有沟。子实供制面粉，是主要粮食作物之一。由于播种时期的不同有春小麦、冬小麦等。小麦是禾本科小麦属的重要栽培谷物。一年生或越年生草本；茎具4～7节，有效分蘖多少与土肥环境相关。叶片长线形；穗状花序直立，穗轴延续而不折断；小穗单生，含3～5（～9）花，上部花不育；自花授粉；颖革质，卵圆形至长圆形，具5～9脉；背部具脊；外稃船形，基部不具基盘，其形状、色泽、毛茸和芒的长短随品种而异。颖果大，长圆形，顶端有毛，腹面具深纵沟，不与稃片粘合而易脱落。

小　麦

◆**主要分布**

华北地区：北京、天津、河北、河南、山西

华东地区：山东、江苏、安徽

华中地区：江西、湖北

西北地区：陕西、甘肃、青海、宁夏、新疆

东北地区：辽宁、吉林、黑龙江

西南地区：重庆、四川、贵州（除云南）

北方地区：内蒙古

◆人工栽培

1.生物习性

小麦是一种温带长日照植物，适应范围较广，自北纬17度至50度，从平原到海拔约4000米的高原（如中国西藏）均有栽培。按照小麦穗状花序的疏密程度，小穗的结构，颖片、外稃和芒以及谷粒的性状、颜色、毛绒等，种下划分为极多亚种、变种、变型和品种；根据对温度的要求不同，分冬小麦和春小麦两个生理型，不同地区种植不同类型。在中国黑龙江、内蒙古和西北种植春小麦，于春天3～4月播种，7～8月成熟，生育期短，约100天左右；在辽东、华北、新疆南部、陕西、长江流域各省及华南一带栽种冬小麦，秋季10～11月播种，翌年5～6月成熟，生育期长达180天左右。

2.栽培历史

小麦的世界产量和种植面积，居于栽培谷物的首位，以普通小麦种植最广，占全世界小麦总面积的90%以上；硬粒小麦的播种面积约为总面积的6%～7%。生产小麦最多的

小麦面粉

小麦面包

国家有美国、加拿大和阿根廷等。

未成熟小麦还可入药治盗汗等；小麦皮治疗脚气病。历史小麦原产地在西亚，中国最早发现小麦遗址是在新疆的孔雀河流域，也就是我们常说的楼兰，在楼兰的小河墓地发现了四千年前的炭化小麦。四千年前的塔里木河和孔雀河下游一带的沙漠绿洲中，有着较充沛的水资源和高达40%的植被覆盖率。那时水中有游荡的鱼儿，林中有飞奔的动物，翠绿的草地可以放牧，土地适于耕种。在小环境里有着相当不错的生存土壤。但是唯一的问题也是最关键的问题，便是沙漠绿洲生态的脆弱性，一点点改变就会给生命造成意想不到的灾难。

内地发现出土的小麦，最早在三千多年前，也就是商中期和晚期左右，但不是很普遍。小麦普及还是汉代以后事情了，关键一点就是战国时期发明石转盘在汉代得到推广（材料来源于中国大百科全书农业卷），得以使小麦可以磨成面粉。小麦主要在北方种植，在南方种植发展还是得益于南宋时期北方人大量南迁，南方对麦需求大量增加而造成的。到明代小麦种植已经遍布全国，但分布很不平衡，《天工开物》记载北方“齐、鲁、燕、秦、晋，民粒食小麦居半，而南方闽、浙、吴、楚之地种小麦者二十分而一。

我们常说的“麦”就是小麦，当然了还有其他麦类，比如说大麦、燕麦。古代欧洲人吃麦主要还是吃大麦，直到16世纪后被小麦代替。现在大麦在世界上主要做啤酒，这种世界级别饮料。世界大麦80%产量被化为啤酒，灌进人们肚子里。1斤大麦大概可以做4～5斤啤酒。啤酒的独特苦味是加入啤酒花

所造成的，它使啤酒带有特殊芳味和爽快的苦味。在这个炎热夏季几位朋友在一起，几瓶冰镇的啤酒，几碟小菜，是一种非常舒坦事情。

另外藏族人吃的青稞也是大麦的一种，藏族人主要用它做糌粑。

小麦面包

3.种植技术

（1）耕作与整地

耕作整地可使耕层松软，土碎地平，干湿适宜，促进小麦苗全苗壮，保证地下部与地上部协调生长，所以是创造高产土壤条件的重要环节。具体方法，因水田、旱地以及不同前作而不同。

①稻麦复种的麦田整地由于稻田长期浸水，土壤板结，通透性较差，所以要通过水旱轮作，干湿交替，促进土壤熟化。整地特点是，前作收获较早时，应抓住宜耕期尽早翻耕，以利用初秋的高温晴朗天气，充分炕土晒垡播种前再行浅耕细耙，达到深软细乎，上虚下实；前作为晚稻或杂交稻制种田，由于收播间距很短，应在水稻散籽时即开沟排水，力争薄片晒垡，短期炕田；在不贻误小麦适时播种的前提

下，也可浅旋整地，为小麦创造良好的苗床和生长基地。

②旱地小麦的整地要立足于逐年加深耕层，结合增施有机肥，提高保蓄水肥的基础上，根据不同复种形式进行整地。即前作收获较早者，如春玉米、高粱、烟草等，收获应首先浅耕灭茬，然后深翻炕土，使残茬腐烂并接纳秋雨，雨后浅耙，减少蒸发，另一类如甘薯，棉花等，收获时间紧迫，如果用常规之法，势必贻误播期，这是西南区小麦低产的重要原因之一。因此，一方面推行在前作后期行间松土保墒，种麦时再耕细整平，另一方面提倡挖薯，平地、施肥、播种等连续作业，保证小麦适时播种。

（2）少耕、免耕与半旱式栽培

①少耕与免耕所谓少耕、免耕，是与传统的整地而言，减少整地次数，降低整地强度，而对于田湿土粘，耕作困难，又易破坏土壤结构的麦田，免去不必要的甚至有害的耕作，所以这是对小麦整地技术的一个发展和完善。据对稻茬麦免耕研，其增产机理可以归纳如下。

a.保持良好土壤结构与水分：免耕未打乱土层，保持了水稻土原有孔隙，避免湿耕造成的粘闭现象。免耕与翻耕相比，耕层土壤容重分别为1.15～1.20及1.34～1.40，水、气比较协调。

b.利于提高播种质量：在保证适时播种的前提下，由于田面平整，利于挖窝或开沟点播，贯彻种植规范，避免了粗耕烂种所造成的深籽、丛籽、露籽，达到苗齐，苗匀、苗壮。

c.根系发达，抗倒力强：土壤结构较好，有利于根系发展和吸水。据多点调查，免耕单株次生根数比翻耕平均多16.0%；灌浆期用32p示踪测定，标记后第8天，脉冲数高出63.01%。

d.壮苗早发，增产显著：免耕田有较好的土壤生态环境，幼苗出时快，分蘖早，生长优势明显。在各个生育时期，免耕的叶面积指数均高，群体光合能力强，单位面积增产5%～20%。

定位研究（4年）以来，对后作水稻未发生不利影响，但长期免耕后与土壤肥力、病虫害的关系如何，尚须继续进行探索。此外，免耕田杂草较多，后期也易脱肥，所以应有适当的配套措施。

②半旱式栽培 小麦半旱式栽培是水田自然免耕的重要环节。它是在半旱式水稻收获后，利用原垄埂稍加修正后播种小麦。下湿、烂泥田厢宽170～200厘米，一般为27～40厘米，沟宽33～40厘米，沟深27～33厘米。用沟中稀泥覆盖稻茬和肥料后，晾晒1～2天后播种，并以干渣粪或细土盖种。小麦生育期间，沟内保持一定水位（前期距厢面12～15厘米，后期18厘米），以使垄面不干，既有利于小麦生长，又能保证水稻及时栽插，是冬水田利用改良的一条有效途径。

半旱式小麦生产水平，一般可达旱作条件下70%～80%以上，个别土壤类型还高于旱作水平，因而在西南三省已推广种植较大面积。其增产原因，除一部分与少耕、免耕相同外，突出作用在于改变了土壤的水热状况。一方面垄沟把小麦根系深度扩大了10厘米左右，而且垄面通透状况好，又有毛管上升水，水气协调；另一方面垄沟使土

小 麦

体表面积增大，白昼较平作温度高1.2℃～2.0℃，最大可达4℃，夜间比平作降低0.3℃～0.7℃，土壤受光面积增加约200～400平方米/亩。在良好的水，热、气条件下，促进了微生物的活动和有机质的分解，提高了土壤供肥能力。

由于半旱式栽培供肥能力较强，前期应适当控氮，以免增多无效分蘖，但后期容易脱肥，所以应在增施有机肥的基础上，补施氮、磷肥。此外，半旱式栽培的起垄作埂，播种施肥等花工较多，需要提高机械化程度和其他配套技术，进而提高此类中低产田的小麦生产水平。

◆**营养价值**

小麦富含淀粉、蛋白质、脂肪、矿物质、钙、铁、硫胺素、核黄素、烟酸及维生素A等。因品种和环境条件不同，营养成分的差别较大。从蛋白质的含量看，生长在大陆性干旱气候区的麦粒质硬而透明，含蛋白质较高，达14%～20%，面筋强而有弹性，适宜烤面包；生于潮湿条件下的麦粒含蛋白质8%～10%，麦粒软，面筋差，可见地理气候对产物形成过程的影响是十分重要的。

面粉除供人类食用外，仅少量用来生产淀粉、酒精、面筋等，加工后副产品均为牲畜的优质饲料。进食全麦可以降低血液循环中的雌激素的含量，从而达到防治乳腺癌的目的；对于更年期妇女，食用未精制的小麦还能缓解更年期综合症。

小 麦

# 大 麦

### ◆植物简介

大麦，具坚果香味，碳水化合物含量较高，蛋白质、钙、磷含量中等，含少量B族维生素。因为大麦含谷蛋白（一种有弹性的蛋白质）量少，所以不能做多孔面包，可做不发酵食物，在北非及亚洲部分地区尤喜用大麦粉做麦片粥，大麦是这些地区的主要食物之一。珍珠麦（圆形大麦米）是经研磨除去外壳和麸皮层的大麦粒，加入汤内煮食，见于世界各地。大麦麦秆柔软，多用作牲畜铺草，也大量用作粗饲料。

大麦是有稃大麦和裸大麦的总称。一般有稃大麦称皮大麦，其特征是稃壳和籽粒粘连；裸大麦的稃壳和籽粒分离，称裸麦，青藏高原称青稞，长江流域称元麦，华北称米麦等。 大麦在植物学分类上属禾本科～大麦属。有经济价值的是普通大麦种中的两个亚种，即二棱大麦亚种和多棱大麦亚种。通常，我们将多棱大麦叫六棱大麦。

二棱大麦，穗轴每节片上的三联小穗，仅中间小穗结实，侧小穗发育不全或退化，不能结实。二棱大麦穗粒数少，籽粒大而均匀。我国长江流域一般喜欢种植二棱大麦。

六棱大麦，穗轴每节片上的三联小穗全部结实。一般中间小穗发育早于侧小穗，因此，中间小穗的籽粒较侧小穗的籽粒稍大。由于穗轴上的三联小穗着生的密度不同，分稀(4厘米内着生7～14个)、密(4厘米内着生15～19个)、极密(4厘米内超过19个)三种类型。其中三联小穗着生稀的类型，穗的横截面有

4个角，人们称4棱大麦，实际是稀六棱大麦。

大麦按用途分，可分为啤酒大麦、饲用大麦、食用大麦(含食品加工)三种类型。

### ◆主要分布

我国大麦的分布在栽培作物中最广泛，但主要产区相对集中，主要分布在长江流域、黄河流域和青藏高原。啤酒工业的发展和对大麦原料的需求，西北和黑龙江等地啤酒大麦发展较快。根据生态因素中的光、温条件以及地理位置、播种期等特点，将中国栽培大麦划分为三大生态区。

1.北方春大麦区

包括东北平原，内蒙古高原，

宁夏、新疆全部，山西、河北、陕西北部，甘肃-景泰和河西走廊地区，属一年一熟春大麦区。从80年代后期，啤酒大麦发展很快，最大面积曾达到1000万亩，尔后逐年减少，至1995年200余万亩。该区在大麦生长季节日照长，昼夜温差大，对籽粒碳水化合物积累有利，千粒重高。特别是西北，天气晴朗，有黄河水，祁连山和天山雪水灌溉，啤酒大麦籽粒色泽光亮，皮薄色浅，发芽率高，是我国优质啤酒大麦生产潜力较大的基地。黑龙江省被称为“北大荒”的松花江和三江平原，地域广阔，土壤肥沃，7月下旬进入雨季，适合种植早熟品种，也是我国比较好的啤酒大麦基地之一。

2.青藏高原裸大麦区

包括青海、西藏全部，四川-甘孜、阿坝两个藏族自治州，甘肃-甘南藏族自治州，云南-迪庆藏族自治州。大麦种植在海拔3000米以上，属高原气候，阴湿冷凉，昼夜温差大，一般无霜期短。3月下旬至4月中旬播种，7月下旬至9月上旬成熟，一年一熟，以多棱裸大麦为主，是藏族人民的主要食粮。

3.黄、淮以南秋播大麦区

包括山东，甘肃的陇东和陇南，晋、冀、陕南部及其以南各省，四川盆地，云贵高原6个生态亚区，是我国大麦的主要产区。均秋季播种，根据越冬期的低温程度不同，品种有冬性、半冬性和春性。黄、淮冬麦区冬季气温低，品种属冬性。该区降雨量适中，大麦比小麦早熟10天左右，收获前后天气晴朗，历史上就有种大麦的习惯，是我国啤酒大麦基地之一。长江流域、四川盆地以南地区，大麦面积占全国的一半左右，是我国大麦的主要产区。该区气候温暖潮湿，降雨量大，大麦作为早稻的前作，主要用作饲料。江苏的淮河以北和盐城地区，降雨量一般比长江以南少，大麦籽粒色泽比较好，千粒重较高，也是比较理想的啤酒大麦基地。

◆**产量与用途**

全世界大麦播种面积在1970年代末约9,600万公顷(24,600万)。年

大　麦

产量近18,000万公吨，其中约1/2的产量用作饲料，其馀供人类食用，或用以制麦芽糖。啤酒主要用大麦芽制造，总产量的10%以上用于制造啤酒。大麦芽也用制蒸馏饮料。

1.酿造啤酒

我国目前啤酒产量居世界第2位，1998年产量达1998万吨，需啤酒大麦330万吨。随着我国啤酒质量和产量的提高，对啤酒大麦籽粒的外观、色泽、品质的要求越来越严格。自1989年以来，我国啤麦进口量占总用量的46%～71%，年用外汇3亿多美元。提高国产啤麦的质量和数量是麦芽厂家多年的愿望和要求。

大　麦

2.饲用

大麦籽粒的粗蛋白和可消化纤维均高于玉米，是牛、猪等家畜、家禽的好饲料。欧洲、北美的发达国家和澳大利亚，都把大麦作为牲畜的主要饲料。我国南方用大麦喂猪，在育肥期增加饲料中的大麦的比例，可使猪肉脂肪硬度大，熔点高，瘦肉多，肉质好。大麦还可以做青贮饲料，在灌浆期收割切段青储，是奶牛的好饲料。

3.食用

大麦是藏族人民的主要粮食，他们把裸大麦炒熟磨粉，做成糌粑食用。长江和黄河流域的人民习惯用裸大麦做粥或掺在大米里做饭。大麦仁还是“八宝粥”中不可或缺的原料。裸大麦中β～葡聚糖和可溶性纤维含量高于小麦，可做保健食品。此外，“大麦茶”是朝鲜族人民喜欢的饮料。饮料“旭日升暖茶”的原料中也有大麦。

◆**适宜人群**

一般人群均可食用，适宜胃气虚弱、消化不良者食用；凡肝病、食欲不振、伤食后胃满腹胀者、妇女回乳时乳房胀痛者宜食大麦芽。

1. 妇女在想断奶时，可用大麦苗（又叫大麦芽）煮汤服之，此汤亦催生落胎；

2. 大麦芽不可久食，尤其是怀孕期间和哺乳期间的妇女忌食，否则会减少乳汁分泌；小剂量消食化滞疏肝解郁而催乳（用复方）；大剂量消散之力强，耗散气血而回乳（用单方）；

3.蒙大拿州立大学的实验证明，大麦是可溶性纤维极佳的来源，它可以降低血液中胆固醇的含量，还可以降低低密度脂蛋白的含量；

4. 用大麦芽回乳，必须注意：用量过小或萌芽过短者，均可影响疗效。未长出芽之大麦，服后不但无回乳的功效，反而可增加乳汁。

大 麦

大 麦

# 燕 麦

**◆植物简介**

燕麦，又名雀麦、野麦。燕麦一般分为带稃型和裸粒型两大类。世界各国栽培的燕麦以带稃型的为主，常称为皮燕麦。我国栽培的燕麦以裸粒型的为主，常称裸燕麦。裸燕麦的别名颇多，在我国华北地区称为莜麦；西北地区称为玉麦；西南地区称为燕麦，有时也称莜麦；东北地区称为铃铛麦。

株高60～120厘米，须根系,入土较深。幼苗有直立、半直立、匍

匐3种类型；抗旱抗寒者多属匍匐型，抗倒伏耐水肥者多为直立型。叶有突出膜状齿形的叶舌，但无叶耳。圆锥花序，有紧穗型、侧散型与周散型 3种。普通栽培燕麦多为周散型,东方燕麦多为侧散型。分枝上着生10～75个小穗；每一小穗有两片稃片，内生小花1～3朵，也偶有4朵者，裸燕麦则有2～7朵。自花传粉，异交率低。除裸燕麦外，子粒都紧包在内、外稃之间。千粒重20～40克，皮燕麦稃壳率25%～40%。

燕麦是长日照作物。喜凉爽湿润，忌高温干燥，生育期间需要积温较低，但不适于寒冷气候。种子在1℃～2 ℃开始发芽，幼苗能耐短时间的低温，绝对最高温度25℃以上时光合作用受阻。蒸腾系数597,在禾谷类作物中仅次于水稻，故干旱高温对燕麦的影响极为显著，这是限制其地理分布的重要原因。对土壤要求不严，能耐pH小时5.5～6.5的酸性土壤。在灰化土中锌的含量少于0.2ppm时会严重减产，缺铜则淀粉含量降低。

◆**主要分布**

燕麦是世界性栽培作物，分布在五大洲42个国家，但集中产区是北半球的温带地区。

燕麦种植

在中国，燕麦种植历史悠久，遍及各山区、高原和北部高寒冷凉地带。历年种植面积1800万亩，其中裸燕麦1600多万亩，占燕麦播种面积92%。主要种植在内蒙古、河北、山西、甘肃、陕西、云南、四川、宁夏、贵州、青海等省、自治区，其中前4个省、自治区种植面积约占全国总面积的90%。种植燕麦有210个县，但集中产区是内蒙古自治区的阴山南北，河北省阴山和燕山地区，山西省太行山和吕梁山区，陕、甘、宁、青的六盘山、贺兰山和祁连山，云、贵、川的大、小凉山高海拔地区。

燕麦面包

◆**栽培技术**

播种期因地区而异。中国华北、西北、东北为春播区，生育期80～115天；西南为冬播区，生育期230～245天。燕麦需水较多，而中国主产区又属于旱作农区，因此，通过早秋耕、耙、耱、镇压等办法蓄水保墒极为重要。

宜选用苜蓿、草木犀、豌豆、蚕豆等豆科作物为前作。土壤瘠薄的地块，可连续采取轮歇压青休闲的轮作制。灌溉地要选用抗倒伏、耐水肥、抗病的良种。

种子处理与播种：燕麦喜湿喜肥但耐贫瘠，春播秋收，生长期较长，适生范围广。要精细整地，并施足基肥，保持墒情。要做好种子拌种处理。下种前要选择优质品种，用800倍的新高脂膜溶液浸泡种子，搭捞后再药剂处理即可精量播种。

春播燕麦区为避免干热风危害，土温稳定在5℃时即可播种。旱地燕麦要注意调节播种期，使需水盛期与当地雨季相吻合。秋翻前宜施用腐熟、半腐熟的有机肥料作基肥，播种时可用种肥。旱地播种密度每亩基本苗20～22万，灌溉地每亩25～35万。

分蘖初期或中期追肥、浇水，后期要控制徒长。积水易致倒伏。燕麦出苗后要保持足够墒情和肥力，并喷施新高脂膜保温保墒增肥效，增加有效分蘖率。要适时施足起身肥灌浆肥，要消灭杂草，强壮植体，防止倒伏。在抽穗期要喷施一次壮穗灵，提高授粉能力和灌浆质量，增多穗粒数，增加千粒重。

燕麦的主要病害是坚黑穗病、散黑穗病和红叶病；局部地区有秆锈病、冠锈病和叶斑病等。多使用抗病良种及采取播前种子消毒、早播、轮作、排除积水等措施防治。主要害虫有粘虫、地老虎、麦二叉蚜和金针虫等，可通过深翻地、灭草和喷施药剂等防治。野燕麦是世界性的恶性杂草，可通过与中耕作物轮作，剔除种子中的野燕麦种子，或在燕麦地播种前先浅耕使野燕麦发芽，然后整地灭草，再行播种等方法防治，也可采用化学除莠剂。

### ◆经济价值

在中国人民日常食用的小麦、稻米、玉米等9种食粮中，以燕麦的经济价值最高，其主要表现在营养、医疗保健和饲用价值均高。

1.营养价值高

据中国医学科学院卫生研究所综合分析，中国裸燕麦含粗蛋白质达15.6%，脂肪8.5%，还有淀粉释放热量以及磷、铁、钙等元素，与其他8种粮食相比，均名列前茅。燕麦中水溶性膳食纤维分别是小麦和玉米的4.7倍和7.7倍。燕麦中的B族维生素、尼克酸、叶酸、泛酸都比较丰富，特别是维生素E，每100克燕麦粉中高达15毫克。此外燕麦粉中还含有谷类食粮中均缺少的皂甙(人参的主要成分)。蛋白质的氨基酸组成比较全面，人体必需的8种氨基酸含量的均居首位，尤其是含赖氨酸高达0.68克。

燕麦食品

2.医疗保健价值高

燕麦的医疗价值和保健作用，已被古今中外医学界所公认。据1981—1985年中国农科院与北京市心脑血管研究中心、北京市海淀医

燕麦片

院等18家医疗单位5轮动物试验和3轮997例临床观察研究证明，裸燕麦能预防和治疗由高血脂引发的心脑血管疾病。即服用裸燕麦片3个月(日服100克)，可明显降低心血管和肝脏中的胆固醇、甘油三脂、β-脂蛋白，总有效率达87.2%，其疗效与冠心病无显著差异，且无副作用。对于因肝、肾病变，糖尿病，脂肪肝等引起的继发性高脂血症也有同样明显的疗效。长期食用燕麦片，有利于糖尿病和肥胖病的控制。

3.饲用价值高

燕麦叶、秸秆多汁柔嫩，适口性好。据《家畜饲养学》报道，裸燕麦秸秆中含粗蛋白5.2%、粗脂肪2.2%、无氮抽出物44.6%，均比谷草、麦草、玉米秆高；难以消化的纤维28.2%，比小麦、玉米、粟秸低4.9%～16.4%，是最好的饲草之一。其籽实是饲养幼畜、老畜、病畜和重役畜以及鸡、猪等家畜家禽的优质饲料。

# 黑 麦

◆**植物简介**

黑麦是一种谷类作物，它能制成黑麦面粉，富有营养，含淀粉、脂肪和蛋白质、维生素B和磷、钾等。因蛋白质弹性较差常与小麦掺合做成黑面包，亦可用来酿油、酿酒、饲养家畜。秆还作编帽和造纸之用。但黑麦子房较易感染麦角菌，形成有毒的麦角。黑麦叶量大，茎秆柔软，营养丰富，适口性

好，是牛、羊、马的优质饲草。

穗状花序，小穗2至多个，果含一粒种子。黑麦栽培可能在西元前6500年源于西南亚，以后向西经巴尔干半岛遍及欧洲。现广泛种植于欧洲、亚洲和北美。黑麦适应于其他谷类不适宜的气候和土壤条件，在高海拔地区生长良好。在所有小粒谷物中，其抗寒力最强，生长范围可至北极圈。黑麦碳水化合物含量高，含少量蛋白、钾和B族维生素。主要用做面包，以及作为饲料和牧草。除小麦外，黑麦是唯一适合做面包的谷类，但缺乏弹性，常同小麦粉混合使用。因黑麦粉颜色发黑，全部用黑麦粉做的面包称黑面包。黑麦也用制酒精饮料。用饲牲畜时常与其他饲料合用。其坚韧的纤维质麦秆很少用作饲草，多用作垫草，以及作为屋顶、床垫、草帽和造纸原料。也栽培作为绿肥。

黑　麦

黑麦为禾本科黑麦属一年生草本。秆直立，株高0.7～1.5米。叶鞘无毛，叶舌近膜质，长约1毫米；叶片扁平，长5～30厘米，宽5～8毫米。穗状花序顶生，紧密，长5～12厘米，宽10毫米；小穗长约15毫米，含2～3小花，下部小花结实，顶生小花不育，颖果。 黑麦是所于禾本科一年生栽培谷物。秆直立，分蘖多，成熟期不一。叶片线形扁平。穗状花序细长。小穗含3～5花，单生于穗轴各节；颖片狭窄呈锥状,具1脉；外稃粗糙具脊，顶端有长芝；雄蕊3，具伸长的花丝和花药；雌蕊柱头外露，异花传粉；颖果狭长圆形，淡褐色，腹面具纵沟，成熟后与内、外稃分离。

黑麦面包

黑麦喜冷凉气候。有冬性和春性两种，在高寒地区只能种春黑麦，温暖地区两种都可以种植。黑麦的抗寒性强，它能忍受－25℃的低温，有雪时能在－37℃低温下越冬，它不耐高温和湿涝。对土壤要求不严格，但以沙壤土生长良好，不耐盐碱。黑麦耐贫瘠但土壤养分充足产量高，质量好，再生快。黑麦再生能力较强，在孕穗期刈割，再生草仍可抽穗结实，据北京长阳农场实验，孕穗期刈割，再生草占总产量的50%，而抽穗后刈割，其再生草的产量仅占总产草量的10%。黑麦的全生育期要求积温达到2100℃～2500℃左右。不同品种之间有差异。

### ◆主要分布

黑麦属有12种，分布于欧亚大

陆的温寒带。栽培黑麦可能是从野生山黑麦等种类演化而来，具有耐寒、抗旱、抗贫瘠的特性。它的分布范围北可达北纬48° ~49° 。苏联黑麦栽培面积最大，产量占世界黑麦总量的45%，其次是德国、波兰、法国、西班牙、奥地利、丹麦、美国、阿根廷和加拿大。中国较少，分布在黑龙江、内蒙古和青海、西藏等高寒地区与高海拔山地。俄罗斯和乌克兰约占世界产量的1/3,其他主产国是波兰、德国、阿根廷、土耳其和美国。

◆**栽培技术**

在华北及其他较温暖地区，黑麦一般为玉米、高粱、谷子、大豆的后作。前茬作物收割后，用圆盘耙灭茬，然后施有机肥，耕翻，镇压。9月下旬播种，行距15~20厘米，播种量10~12.5千克/亩。播种后6~7天出苗，对漏播的田边、地角进行补播。11月下旬灌冬水。12月下旬再镇压一次，使灌水后的土壤裂缝弥合，有利幼苗越冬。翌年3月中旬返青，此时灌水、施肥（每亩施硫铵15千克）。4月下旬拔节时再施肥、灌水，5月上旬孕穗初期即可刈割利用。若收种子，6月下旬种子成熟。作为青贮或调制干草在抽穗时刈割。西北、东北的高寒地区只能春播，一般在5月上中旬播种。

◆**食用及经济价值**

黑麦能制成黑麦面粉，富有营养，含淀粉、脂肪和蛋白质、维生素B和磷、钾等，因蛋白质弹性较差常与小麦掺合做成黑面包，亦可用来酿

黑 麦

黑麦面包

油、酿酒、饲养家畜。秆还作编帽和造纸之用。但黑麦子房较易感染麦角菌，形成有毒的麦角。

近几年城市奶牛业发展较快，北方广泛用黑麦做青饲、青贮，效果很好。黑麦汁含有人体每日需要的维生素和矿物质，并添加天然水果果糖，饮用后有饱肚感觉，可以作营养瘦身的代餐。黑麦汁特有活生生的酵母菌可帮助消化，是老少咸宜的最佳养生饮品。

黑麦叶量大，茎秆柔软，营养丰富，适口性好，是牛、羊、马的优质饲草。据北京对冬牧70黑麦营养成分的分析，茎叶的粗蛋白质含量以孕穗初期最高，随生育进程发展，逐渐下降，而粗纤维则逐渐升高。若以收干草为目的，最佳收割期以抽穗始期为宜，此时晒制干草每亩可获得干物质327千克，粗蛋白质48.1千克。如以该期的粗蛋白质为100%，孕穗后期为78.7%，拔节期为20%。据测定黑麦籽粒含铁100毫克/千克、铜6.4毫克/千克、锰60.0毫克/千克、锌30毫克/千克、硫胺素0.6毫克/千克、核黄素1.5毫克/千克。微量元素较为丰富。黑麦的消化率也较高。黑麦籽粒是猪、鸡、牛、马的精料，黑麦茎叶是牛、羊的优良饲草。

# 第三章

# 豆类

豆类的品种很多，主要有大豆、蚕豆、绿豆、豌豆、赤豆等。根据豆类折营养素种类和数量可将它们分为两大类。一类为大豆为代表的高蛋白质、高脂肪豆类。另一种豆类则以碳水化合物含量高为特征，如绿豆、赤豆。

豆类的营养价值非常高，我国传统饮食讲究“五谷宜为养，失豆则不良”，意思是说五谷是有营养的，但没有豆子就会失去平衡。现代营养学也证明，每天坚持食用豆类食品，只要两周的时间，人体就可以减少脂肪含量，增加免疫力，降低患病的几率。因此，很多营养学家都呼吁，用豆类食品代替一定量的肉类等动物性食品，是解决城市中人营养不良和营养过剩双重负担的最好方法。

豆类的经济价值较高，由于其中多数种类的种子含有丰富的蛋白质，是人类和牲畜蛋白质营养的重要来源。有些豆类如大豆、落花生和四棱豆除有丰富的蛋白质以外，还含有大量可食用的油脂。新鲜的豆荚、种子和茎、叶还含有几种维生素，为富有营养的蔬菜及牲畜青饲料。本章我们就来介绍一下豆类的相关知识。

# 大 豆

大豆，中国古称菽，是一种其种子含有丰富的蛋白质的豆科植物。呈椭圆形、球形，颜色有黄色、淡绿色、黑色等，故又有黄豆、青豆、黑豆之称。大豆最常用来做各种豆制品、榨取豆油、酿造酱油和提取蛋白质。豆渣或磨成粗粉的大豆也常用于禽畜饲料。在中国，日本和朝鲜，不同软硬的豆腐已经吃了几千年了。欧美现代也开始吃豆腐，但是一般用来代替奶制品。

大豆起源于中国，从中国大量的古代文献可以证明。汉司马迁（公元前145～前93年）编的《史记》中，头一篇《五帝本纪》中写

大 豆

道："炎帝欲侵陵诸侯，诸侯咸归轩辕。轩辕乃修德振兵，治五气，鞠五种，抚万民，庆四方。"郑玄曰："五种，黍稷菽麦稻也。"司马迁在《史记·卷二十七》中写道："铺至下铺，为菽"，由此可见轩辕黄帝时已种菽。"朱绍侯主编的《中国古代史》中谈到商代(公元前16世纪~前11世纪)经济和文化的发展时指出："主要的农作物，如黍、稷、粟、麦(大麦)、来(小麦)、秕、稻、菽(大豆)等都见于《卜辞》。"卜慕华指出："以中国而言，公元前1000年以前殷商时代有了甲骨文，当然记载得非常有限。在农作物方面，辨别出有黍、稷、豆、麦、稻、桑等，是当时人民主要依以为生的作物。"清严可均校辑《全上古三代秦汉三国六朝文》卷一中指出："大豆生于槐。出于沮石之峪中。九十日华。六十日熟。凡一百五十日成，忌于卯。"

黑大豆

说到大豆；一般都指其种子而言。根据大豆的种皮颜色和粒形分为五类：黄大豆、青大豆、黑大豆、其它大豆（种皮为褐色、棕色、赤色等单一颜色的大豆）、饲料豆（一般籽粒较小，呈扁长椭圆形，两片子叶上有凹陷圆点，种皮略有光泽或无光泽）。黑色的叫做乌豆，可以入药，也可以充饥，还可以做成豆豉；黄色的可以做成豆腐，也可以榨油或做成豆瓣酱；其它颜色的都可以炒熟食用。

现在，全国普遍种植大豆，在东北、华北、陕、川及长江下游地区均有出产，以长江流域及西南栽培较多，以东北大豆质量最优。世界各国栽培的大豆都是直接或间接由中国传播出去的。由于它的营养价值很高，被称为“豆中之王”、“田中之肉”、“绿色的牛乳”等，是数百种天然食物中最受营养学家推崇的食用。

根据中国大豆气候区划，除了热量不足的高海拔、高纬度地区和年降水量在250毫米以下，又无灌溉条件的地区以外；一般均有大豆种植。中国大豆的集中产区在东北平原、黄淮平原、长江三角洲和江汉平原。

根据大豆品种特性和耕作制度的不同，中国大豆生产分为五个主要产区：

1.东北三省为主的春大豆区

2.黄淮流域的夏大豆区

3.长江流域的春、夏大豆区

4.江南各省南部的秋作大豆区

5.两广、云南南部的大豆多熟区

其中，东北春播大豆和黄淮海夏播大豆是中国大豆种植面积最大、产量最高的两个地区栽培。

◆**形态特性**

大豆植株直立，有分枝，高度从几厘米到2米以上。自花授粉，花白色或微带紫色。种子为黄、绿、褐、黑或双色，每个荚果内含1至4粒种子。大豆在各类土壤中均可栽培，但在温暖、肥沃、排水良好的沙壤土中生长旺盛。晚霜过后播种，9、10月成熟。一般要等大豆落叶后种子含水量降至13%以下时进行收割，以便贮藏。

大豆的根有主、侧根之分，可入土1.5米深，呈钟罩状根系。在地表至20厘米左右的土中根部生有根瘤，根瘤菌可供大豆需氮量的1/3～1/2。主茎高60～100厘米，15～24个节，豆荚着生于节上，多节大豆常高产。无限结荚习性适应肥水较差的条件种植。有限结荚

大　豆

习性适于肥水较好地区种植。亚有限结荚习性的则介乎于二者之间。大豆叶为三出复叶。花蝶形。荚果呈黄、黑、褐色，弯镰形或直葫芦形。大豆为短日照作物，品种间对短日照的敏感性差别大。需充足阳光，要求氮、磷、钾养分较多。大豆种子吸水量达到5%时才能萌芽，播种时土壤水分必须充分，田间持水量不能低于60%。

大豆喜排水良好、富含有机质、pH值6.2～6.8的土壤。宜适期早播，条播为主。需肥较多，需氮量比同产量水平的禾谷类多4～5倍。结荚期注意适时灌溉和排涝。大豆是自花授粉作物，有些地区仍采用纯系育种法。回交法对提高品种的抗病性效果良好。中国大豆育种以品种间杂交为主要方法。采用系谱法选育后代。

**◆营养功效**

1.营养价值

大豆富含植物蛋白，可以增强体质和机体的抗病能力，还有降血压和减肥的功效，并能补充人体所需要的热量，可以治疗便秘，极适宜老年人食用。

（1）增强机体免疫功能：大豆含有丰富的蛋白质，含有多种人体必需的氨基酸，还有大豆皂甙，可以提高人体免疫力；

（2）防止血管硬化：黄豆中的卵磷脂可除掉附在血管壁上的胆固醇，防止血管硬化，预防心血管疾病，保护心脏。大豆中的卵磷脂还具有防止肝脏内积存过多脂肪的作用，从而有效地防治因肥胖而引起的脂肪肝；

（3）通导大便：大豆中含有的可溶性纤维，既可通便，又能降低胆固醇含量；

（4）降糖、降脂：大豆中含有一种抑制胰酶的物质，对糖尿病有治疗作用。大豆所含的皂甙有明显的降血脂作用，同时，可抑制体重增加；

（5）大豆异黄酮是一种结构与雌激素相似，具有雌激素活性的植物性雌激素，能够减轻女性更年期综合征症状、延迟女性细胞衰老、使皮肤保持弹性、养颜、减少骨丢失，促进骨生成、降血脂等。

（6）虽然大豆的营养丰富，但婴儿不能只喝豆浆，因为它蛋氨酸含量低，并且能量不足。

大豆含有丰富的优质蛋白、不饱和脂肪酸、钙及B族维生素是我国居民膳食中优质蛋白质的重要来源。大豆蛋白质含量约为35%~40%，除蛋氨酸外，其余必需氨基酸的组成和比例与动物蛋白相似，而且富含谷类蛋白质缺乏的赖氨酸，是与谷类蛋白质互补的天然理想食品。大豆中脂肪含量约为15%~20%，其中不饱和脂肪酸占85%，亚油酸高达50%，且消化率高，还含有较多磷脂。大豆中碳水化合物含量约为25%~30%，有一半是膳食纤维，其中棉籽糖和水苏糖在肠道细菌作用下发酵产生气体，可引起腹胀。大豆中含有丰富的磷、铁、钙，每100克大豆中分别含有磷571毫克、铁11毫克、和钙367毫克，明显多于谷类。由于大豆中植酸含量较高，可能会影响铁和锌等矿物元素的生物利用。

大豆中烟酸等B族维生素含量也比谷类多数倍。除此之外，大豆中还含有一定数量的胡萝卜素和丰富的维生素E。

大豆的种子含17%的油和63%的粗粉，其中50%是蛋白质。因为大豆不含淀粉；所以适于糖尿病患者食用。在东亚，大豆广泛用于制做豆浆、豆腐；亦可烘烤用作小吃。大豆芽可用于沙拉，可作蔬菜。将大豆和麦粒压碎，加入霉菌，加盐水发酵，经6个月至1年以上，制成的褐色液体称为酱油，在东方的烹调中普遍应用。20世纪80年代初，美国成为世界大豆生产大国，巴西和中国次之。现代工艺技术使大豆的用途更加多样化。豆油可以加工成人造黄油、人造奶酪，还可制成油漆、粘合剂、化肥、上浆剂、油毡、杀虫剂、灭火剂的成分。豆粉则是代替肉类的高蛋白食物，可制成多种食品，包括婴儿食品。大豆含有的植物型雌激素能有效地抑制人体内雌激素的产生，而雌激素过高乃是引发乳腺癌的主要原因之一。实验证明，常吃豆粉的一组老鼠患乳腺癌比例较未吃者低70%。此外，大白菜含一种叫作吲哚-3-甲醇的化合物，能使体内一种重要的酶数量增加，帮助分解过多的雌激素而阻止乳癌发生。

因为大豆用途多样，营养价值高，栽培广泛，便于出口，所以在缓和世界性饥饿问题上起了重要作用。

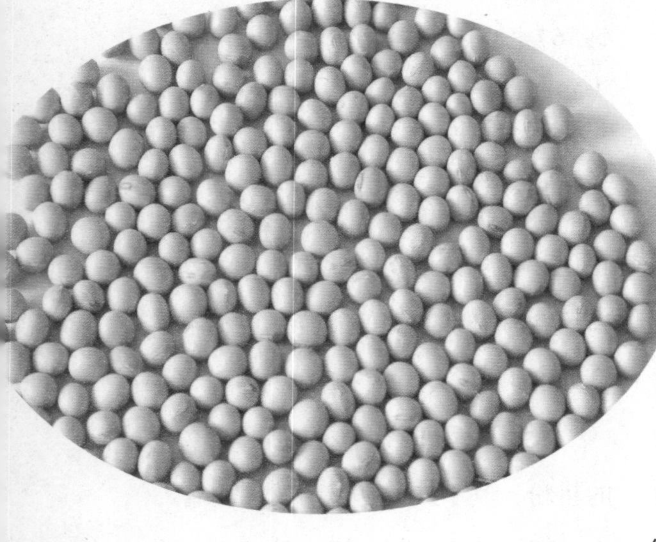

大　豆

大豆，是豆类中营养价值最高的品种，在百种天然的食品中，它名列榜首，含有大量的不饱和脂肪酸，多种微量元素、维生素及优质蛋白质。大豆经加工可制作出很多种豆制品，是高血压、动脉硬化、心脏病等心血管病人的有益食品。大豆富含蛋白质，且所含氨基酸较全，尤其富含赖氨酸，正好补充了谷类赖氨酸的不足的缺陷，所以应以谷豆混食，使蛋白质互补。

2.功 效

大豆味甘、性平，入脾、大肠经，能杀乌头、附子毒；

具有健脾宽中，润燥消水、清热解毒、益气的功效；

主治疳积泻痢、腹胀羸瘦、妊娠中毒、疮痈肿毒、外伤出血等。黄豆还能抗菌消炎，对咽炎、结膜炎、口腔炎、菌痢、肠炎有效。

大豆具有健脾益气宽中、润燥消水等作用，可用于脾气虚弱、消化不良、疳积泻痢、腹胀羸瘦、妊娠中毒、疮痈肿毒、外伤出血等症。

大豆中含的钙、磷对预防小儿佝偻病、老年人易患的骨质疏松症及神经衰弱和体虚者很相宜。

大豆中所含的铁，不仅量多，且容易被人体吸收，对生长发育的小孩子及缺铁性贫血病人很有益处。

大豆中所富含的高密度脂肪，有助于去掉人体同多余的胆固醇，因此，经常食用可预防心脏病、冠状动脉硬化。大豆中所含的染料木因（异黄酮）能抑制一种刺激肿瘤生长的酶，阻止肿瘤的生长，防治癌症，尤其是乳腺癌、前列腺癌、结肠癌。

大豆中所含的植物雌激素，可以调节更年期妇女体内的激素水平，防止骨骼中钙的流失，可以缓解更年期综合征，骨质疏松症。

大豆对男性的明显益处是可以帮助克服前列腺疾病。

此外，大豆针对以下症状都有很好的功效：

(1)绝经期综合征

绝经期妇女的热潮红和阴道炎都起因于卵巢功能衰退，因此利用大豆植物雌激素进行激素替代治疗，补充体内植物雌激素，可促进阴道细胞增生。大豆异黄酮是治疗更年期综合症的主要成分。

(2)心血管疾病

进食大豆蛋白质每天40克，含有中等和高水平的异黄酮，6个月后，可降低绝经期妇女患心血管疾病的危险。另一研究给胆固醇水平高的人平均每天进食47克大豆蛋白质，可使总胆固醇水平降低9%，使低密度脂蛋白水平降低13%，这种效果可能与大豆植物雌激素有关。

(3)骨质疏松

妇女如果在临床绝经期前几年采用激素替代治疗可防止骨丢失，至少达75岁。动物实验已证实大豆蛋白质可增加骨形成。对人体受试者的报道，也证实了大豆蛋白质在短期内能增加骨密度。

(4)癌症

大豆异黄酮对乳腺癌、前列腺癌及其它一些癌症的发生、发展具有显著的防治效果。通过比较研究说明，居民摄入豆制品及异黄酮的水平愈高，这些癌症发病率就愈低。大豆对绝经前妇女乳腺癌的发生有显著预防作用。

3.食疗配方

(1)黄豆汤

用黄豆和干香菜、葱白、白萝卜一起煮汤，加入适量调味品，煮至黄豆熟烂即可。此汤味道鲜美，营养丰富，可以治疗感冒等症。

(2)黄豆芽

黄豆洗净后用水浸泡，注意每天换水，20天后就会生出黄豆芽。黄豆芽炒、拌、煮皆可食用，经常吃黄豆芽可以预防心脑血管疾病，有健脑、抗癌的作用。还是很好的减肥、美容食品。

(3)豆浆

黄豆磨浆食用对胃炎、肝炎、高血脂等皆有疗效。

◆**人工栽培**

1.品种选择

按当地生态类型和市场需求，因地制宜地选择熟期适宜、高产、优质、抗逆性强的已通过审（认）

定的品种，如湘春豆21号、湘春豆22号、湘春豆23号等。做到每隔3年换种1次。

2.种子处理

酸性土壤种植大豆，采用钼酸铵拌种，每公斤大豆种子用钼酸铵1～1．5克，配制1%～1.5%的钼酸铵溶液喷在种子表面拌匀，阴干后播种。

3.翻耕整地

稻田种植春大豆，在冬前翻耕，翻耕后按宽2～3米分厢，开好厢沟、腰沟、围沟，春季抢晴天精细整地。要求土壤细碎，无暗垡，厢面平整。冬季空闲的旱土，在冬前翻耕，冬季种蔬菜的旱地，在收完蔬菜之后抢晴天翻耕，翻耕后按宽2～3米分厢开沟，精细整地。

4.施肥

底肥每667平方米地施农家有机肥400公斤、钙镁磷肥36公斤，瘠薄土壤还需施尿素100公斤。农家有机肥在整地前施入，通过翻地和耕地将肥料翻入耕作层中，化肥在整地时施用，并使之与土壤融合。间作套种或因农事季节安排的关系，不便给大豆施用底肥时，也可以有计划地把底肥施在大豆的前作上。种肥每667平方米施腐熟农家有机肥150公斤、尿素4.6公斤、氯化钾10公斤。土壤肥力较高或者已施入大量优质农家肥的地，可不施氮素化肥。施用方法是将肥料施入播种穴内，施入深度为8～10厘米，肥料与种子要被土壤隔开，这样既可防止烧种、烧苗，又能为

青大豆

大豆苗期提供充足的养分，促进早发。或将肥料与土杂肥堆制后作盖籽肥。中下肥力水平的土壤，苗期追肥结合第一次中耕除草时进行，每667平方米施尿素5公斤，或氮、磷、钾复合肥10公斤，或施人粪 250公斤，也可在雨前或雨后将氮素化肥撒施在距大豆植株四五厘米远的行穴间，但切忌肥料直接接触大豆植株，以防烧苗。生长较弱的大豆，开花前或始花期追肥效果较好。每667平方米追施尿素75公斤，氮素化肥应抢在雨前或雨后追施，但应注意防止肥料与植株直接接触。

5.播种

在5厘米土层日平均温度达到10℃～12℃时开始播种，中低海拔地区3月底至4月初为适宜播种期。穴播，行距27～33厘米，穴距17～20厘米，每穴播三四粒种子，浅播薄盖（盖三四厘米厚）。栽植密度应根据品种特性及水肥条件而定，早熟品种每667平方米栽3万株～4万株、中熟品种栽 2.5万株～3.5万株、迟熟品种栽2万株左右。

6.田间管理

①移苗补缺。一般缺苗情况的地块，可就地移苗补栽。移栽时埋土要严密，如土壤湿度小，还要浇水，以保证成活率。为了使移苗补栽的幼苗能迅速生长，在移栽成活后应适当追施苗肥，促进苗齐、苗壮。缺苗严重的则要直接补种。

②间苗、定苗。在2片单叶平展时间苗，第1片复叶全展期定苗。间苗时应淘汰弱株、病株及混杂株，保留健壮株。

③中耕除草。第1次中耕一般在第1片复叶出现、子叶未落时进行，第2次中耕在苗高20厘米左右、搭叶未封行的时候进行。头次中耕宜浅，第2次稍深，结合追肥培土。

④灌溉。在鼓粒期如遇高温干旱天气，有灌溉条件的应适时灌

水。以沟灌湿润为宜，防止大水漫灌造成土壤板结。

7.常见病害及防治

①真菌病：有为害暗叶部的斑枯病、灰斑病、霜霉病和锈病等，其中霜霉病遍及各地；为害根、茎的有疫腐病、菌核病和炭疽病。疫腐病以抗病育种；其它靠轮作法防治。为害子粒的有紫斑病和黑点病，药剂拌种防治。

②细菌病：有斑点病和斑疹病，有的可用抗病育种防治。

③病毒病：种类多，中国长江流域和黄淮平原以花叶病毒流行广、为害重。采用无病毒种子、消灭媒介昆虫及抗病育种防治。

④大豆孢囊线虫病、根结线虫病：采用合理轮作和抗病育种防治。主要虫害有食心虫、草地螟、豆荚螟、豆秆蝇、豆秆黑潜蝇、红蜘蛛和蚜虫等，以药剂防治为主。菟丝子在黄淮平原为害甚烈，采用清选种子、生物防治和轮作防治。

1.大豆锈病

已发现的病害有30余种，其中真菌性病害最多，病毒类主要是大豆花叶病毒，线虫病主要为孢囊线虫和根结线虫。大豆锈病、炭疽病、细菌性斑疹病等，在南方发生较重。北方春大豆区霜霉病、灰斑病、细菌性斑点病、孢囊线虫病发生普遍。大豆病毒病在各大豆栽培区都有发生。

2.紫斑病

还有孢囊线虫Heterodera glycines主要发生在黑龙江、吉林、辽宁、内蒙古、河北、山东、河南等省(自治区)。根疫病Phytophthora magasperma var.sojae是美国的主要病害，中国尚未发现，是检疫对象。

大豆病害的防治以抗病品种为主的综合防治措施。药剂防治：在30余种大豆病害中，由种子带菌为初次侵染源的占60%左右，药剂拌种能减少病害的侵染源，而且对

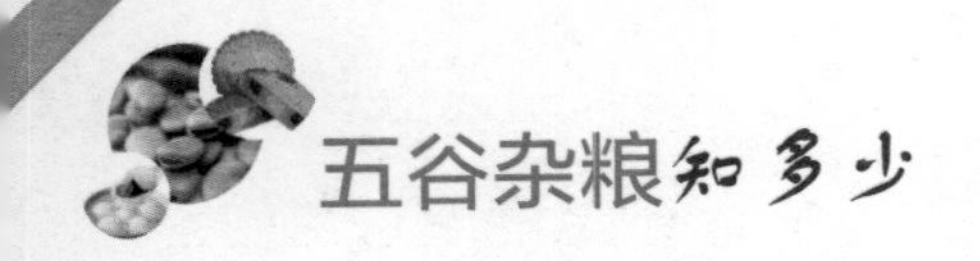


苗期病害也有防治效果。如福美双0.3%拌种，可防治大豆霜霉病和灰斑病。叶部病害如霜霉病、灰斑病，根部病害如孢囊线虫病等，均可用药剂进行有效防治；农业措施防治，采取合理轮作，如防治大豆孢囊线虫病，实行大豆与禾谷类作物或非寄生作物3～5年轮作，减少虫源。种前通过选种；建立无病种子田，对防治霜霉病、紫斑病、灰斑病，大豆花叶病毒效果较好。中耕除草，排除田间积水，能减轻大豆䴬病和根部病害的发生。增施有机肥，适时灌水，可减轻孢囊线虫病的为害。清除田间杂草，亦可减少大豆花叶病毒等病害。

3.大豆病虫防治措施

大豆的病虫害对大豆的正常生长危害很大，严重时减产损失达30%以上。大豆的病害有：大豆根腐病、线虫病、灰斑病、褐纹病、霜霉病等，虫害有潜根蝇、大豆蚜虫、食心虫等。

防治办法：

①事前预防，选无病优良品种，整地时进行土壤灭菌杀虫处理；

②在发病前喷施灭菌防虫药剂+新高脂膜800倍液可有效预防病虫害发生；

③在病虫害发生期，要按植保要求喷施针对性药剂+新高脂膜800倍液进行灭杀。

# 蚕 豆

蚕豆，又称胡豆、佛豆、胡豆、川豆、倭豆、罗汉豆。一年生或二年生草本。为粮食、蔬菜和饲料、绿肥兼用作物。起源于西南亚和北非。相传西汉张骞自西域引入中国。蚕豆含8种必需氨基酸。碳水化合物含量47%～60%。营养价值丰富，可食用，也可制酱、酱油、粉丝、粉皮和作蔬菜。还可作饲料、绿肥和蜜源植物种植。

一般认为，蚕豆起源于西南亚和北非。中国的蚕豆，相传为西汉张骞自西域引入。自热带至北纬63° 地区均有种植。中国以四川最多，次为云南、贵州、湖南、湖北、江苏、浙江、青海等省。蚕豆株高30～180厘米。茎直立，四棱，中空，四角上的维管束较大。羽状复叶。总状花序，花蝶形。荚果，种子扁平，略呈矩圆形或近于球形。蚕豆花期一般是3～5月。蚕豆为长日照作物。喜温暖湿润气候和pH6.2～8的粘壤土。需水量较大，但土壤过湿易生立枯病和锈病。蚕豆可单作或间、套作，忌连作。可点播、条播或撒播。以有机肥和磷、钾肥为主。根瘤菌能与其共生固氮。主要病害有锈病、赤斑病、立枯病。主要害虫是蚕豆象。蚕豆子粒蛋白质含量约25%～28%，含8种必需氨基酸。碳水化合物含量47%～60%。可食用，也可制酱、酱油、粉丝、粉皮和作蔬菜。还可作饲料、绿肥和蜜源植物种植。

蚕　豆

◆**形态特性**

蚕豆的根系较发达，可入土层60～100厘米，根瘤形成较早。茎方形、中空、直立、茎的分枝力强，可从基部生长4～5个或8～10个以上的分枝。叶互生，为偶数羽状复叶，小叶椭圆形，在基部互生，先端者为对生。花腋生，总状花序。花冠紫白色或纯白色。每花序有2～6朵花，第一至二朵花一般能结荚其后的花结荚率低。荚为扁圆筒形内有种子坚硬呈绿褐色或淡绿色，扁圆形。千粒重900～2 500克。蚕豆具有较强的耐寒性，种子在5℃～6℃时即能开始发芽，但最适发芽温度为16℃。幼苗能忍耐-5℃左右的低温，-6℃时易冻死。生长的适温为20℃～25℃。蚕豆对光照要求不严格，对土壤水分要求较高，适宜于冷凉而较湿润的气候。对土壤的适应性较广，沙壤土、粘土、水田土、碱性土等均可栽培，对土壤营养的要求，在未形成根瘤的苗期，宜适量施用氮肥。对磷、钾需要量也较大。镁硼对蚕豆生育有良好的作用。土壤缺硼，则易妨碍根瘤菌的繁殖，使植株生育不良。

**◆品种介绍**

1.崇礼蚕豆

强春性，早熟，全生育期100～110天，分枝少，花白色，有效分枝2～3个，株高80～100厘米，单株荚数一般8～10个，单荚粒数2～3粒，百粒重120克左右。籽粒窄圆形，种皮乳白色。籽粒含蛋白质24.0%，脂肪1.5%，赖氨酸1.55%。该品种株型紧凑，适宜密植，喜肥喜水，丰产性好，一般亩产150～200千克，最高产量达280千克。

2.临蚕5号

春播蚕豆品种。生育期125天左右，分枝一般为2～3个，百粒重180克左右，种皮乳白色。具有高产、优质、粒大，抗逆性强等特点，适应于高肥水栽培，根系发达，抗倒伏，一般亩产350千克左右，是粮菜兼用的优质品种。

3.临蚕204

春播蚕豆品种，生育期120天左右，分枝2～3个，结荚部位低，百粒重160克左右。具有高产、优质、粒大的特点。适应性广，抗逆性强。一般亩产为350千克左右，最高亩产达420千克。是出口创汇的优质品种。

4.临夏马牙

春性较强。甘肃省临夏州优良地方品种，因籽粒大形似马齿形而得名。全生育期155~170天，性晚熟种。该品种种皮乳白色，百粒重170克，籽粒蛋白质含量25.6%。适应性强，高产稳产。平均产量350千克/亩，最高可达500千克/亩。适宜肥力较高的土地上种植。是中国重要蚕豆出口商品。

5.临夏大蚕豆

春播类型。该品种种皮乳白色，百粒重160克左右，籽粒蛋白质含量27.9%，平均产量250~300千克/亩。喜水耐肥，丰产性好，适应性强，在海拔1700~2600米的川水地区和山阴地区均能种植，1981年开始在甘肃省大面积推广。适于北方蚕豆主产区种植。

6.青海3号

春播蚕豆品种，具有高产、优质、粒大的特点，分枝性强，结荚部位低，不易裂荚。种皮乳白色，百粒重160克左右，籽粒蛋白质含量24.3%，脂肪1.2%。根系发达抗倒伏，喜水耐肥，适宜在气候较温暖、灌溉条件好的地区种植。最高亩产达400~450千克。是目前春蚕豆区推广品种。

7.青海9号

春播蚕豆品种，具有高产、优质、特大粒的特点，分枝性强，结荚部位低，不易裂荚。种皮乳白色，百粒重200克左右。根系发达，植株高大、茎秆坚硬，抗倒伏，喜水耐肥，适宜在气候较温暖、灌溉条件好的地区种植。最高亩产440~480千克。是目前春蚕豆区推广品种。

8.湟源马牙

春播类型。该品种种皮乳白色，百粒重160克左右，属大粒种，是青海省优良地方品种。湟源马牙栽培历史悠久，具有较强的适应性，产量高而稳。分布在海拔1800～3000米的地区。一般水地产量250～350千克/亩，山地150～200千克/亩，是中国主要蚕豆出口商品。适于北方蚕豆主产区种植。

9.日本吋蚕

春播蚕豆品种，由中国农科院品资所引进。生育期为120天左右，花白色，结荚部位低，结荚多，分枝少，单荚粒数一般为4～5粒。不易裂荚。百粒重150克以上，种皮乳白色，一般亩产300千克左右。抗逆性强，是粮菜兼用的优质品种。

10.品蚕豆

春播蚕豆品种，生育期125天左右。具有高产，优质，小粒，耐旱耐瘠的特点。分枝一般2～3个，单株荚数18～29个，单荚粒数2～3个，百粒重50～60克，种皮乳白色，种子蛋白质含量28.36%，种子单宁含量少，不含蚕豆苷等生物碱，株高115～156厘米，一般亩产300千克，高者达350～400千克，是一个粮饲兼用的好品种。适于北方蚕豆主产区推广种植。

蚕豆种植

◆**营养分析**

蚕豆中含有调节大脑和神经组织的重要成分钙、锌、锰、磷脂等，并含有丰富的胆石碱，有增强记忆力的健脑作用。蚕豆中的钙，有利于骨骼对钙的吸收与钙化，能促进人体骨骼的生长发育。蚕豆中的蛋白质含量丰富，且不含胆固醇，可以提高食品营养价值，预防心血管疾病。如果你是正在应付考试或是脑力工作者，适当进食蚕豆可能会有一定功效。蚕豆中的维生素C可以延缓动脉硬化，蚕豆皮中的膳食纤维有降低胆固醇、促进肠蠕动的作用。现代人还认为蚕豆也是抗癌食品之一，对预防肠癌有作用。

蚕　豆

◆**人工栽培**

1.栽培概述

蚕豆在中国各地都有种植，是重要的粮、菜、肥兼用型作物。主要用于稻、麦田套种和中耕作物行间间种，摘青嫩荚果做蔬菜或收子食用，茎杆翻压作绿肥。主要的优良品种有四川青胡豆、南翔白皮、兴宁、莆田、等。蚕豆适合于较温暖而略湿润的气候，需水较多，但又不能受渍，耐寒性较差，也不耐高温和干旱。最适宜的生长温度为20℃左右，适于多种土壤栽培，以耕层有机质含量高，排水良好的粘质壤土或比较肥沃的砂质壤土最好；在pH值6～8之间的土壤上可生长良好，所以可广泛适应中国各地的红壤水稻土、紫色土以及滨海的盐碱地水稻田生长。

播种可采用条播、点播等方法，一般行距33厘米左右，株距为12～18厘米。降雨量大的地区，最好采用深沟高畦。南方稻田种植冬蚕豆时，应在水稻收割后抢时播种，长江沿岸播种时间为寒露到霜降之间，华南双季稻地区在小雪前后。北方一般在春季解冻之后抓紧时间播种。播种量每亩在8～10公斤。播种前也应施用磷肥和有机肥。

2.栽培要点

（1）选好茬口与地块

蚕豆忌连作。连作使植株生育不育。根瘤菌数目少，活性低，结荚少，易发病，种蚕豆就实行至少3年以上的轮作。蚕豆适应稍粘重而湿润的土壤，但是栽培在土层深厚、肥沃的粘壤土或砂壤土上为好。

（2）适期播种

蚕豆耐寒，可于2月下旬至3月中旬播种。播种前深翻土壤并适当施基肥，做成1米宽的平畦。每畦种两行，在畦内挖穴，穴深6～9厘米，穴距20厘米左右，每穴点播种子2～3粒，搂平畦面。

（3）追肥浇水

播种后1～2天要充分供水，可

蚕豆炒鸡蛋

促进早发芽、早齐苗。幼苗生长达3～4片真叶时，应适量追施速效氮肥，生长期间要分期追施磷、钾肥。开花结荚期喷施磷酸二氢钾或硼、钼、镁、铜等微量元素，可减少落花落荚，促进种子发育，提高产量。蚕豆生长初期以中耕为主，增加土壤的保水和通透性。从现蕾开花开始，应保持土壤湿润。开花结荚期缺水易落花落荚，豆粒不饱满。

（4）中耕与整枝

蚕豆出苗后应及进查苗补缺。苗期要进行多次中耕除草，结合松土将土培到植株根部，以防倒伏。蚕豆的分枝能力很强，后期的分枝结荚少，且易造成田间郁闭，生产上应及进掰除多余的侧枝和及时摘除生长点，减少养分消耗，提高结荚率，促进豆粒饱满，成熟一致。

（5）适时采收

采收蚕豆嫩荚，可分次采收，采收自下而上，每7～8天一次，采收老熟的种子，可在蚕豆叶片凋落，中下部豆荚充分成熟时收获，

晒干脱粒贮藏。

3.常见病虫害

蚕豆的病虫害防治，除了选用抗病品种，合理密植和整枝，搞好防旱排渍，增施磷钾肥，增强蚕豆抗性外，药剂防治也是很必要的。

（1）赤斑病

叶片上先生出赤色小点，渐扩大成圆形或椭圆形病斑，严重时各部位均变成黑色、枯腐。茎杆内壁有黑色菌核。药剂防治：在发病初期，喷施1:2:100的波尔多液。以后，每隔10天，喷50%多菌灵500倍液1次，连喷2～3次。实践证明：初期喷波尔多液比喷多菌灵好。以后喷多菌灵，防效又高于波尔多液。

（2）锈病

叶片上出现锈斑，直至叶片干枯。严重时植株全部枯死。药剂防治：可用15%粉锈宁50克，对水50～60千克喷施。每亩用药液40～60千克。施药后20天左右，再喷药1次。要注意在早期及时施药，否则，防效不佳。

（3）枯萎病

根部发病变黑，主根短小，侧根少，叶色变黄，植株呈蔫萎状，顶部茎叶萎垂。药剂防治：在发病初期可用50%甲基托布津500倍液浇施根部。用药2～3次，有较好的防治效果。

（4）蚕豆象

鞘翅目，象甲科。以幼虫钻进蚕豆籽实中危害。致使籽实食味变苦，重量减轻，引起减产，质量变差。药剂防治：在蚕豆初花期至盛花期每亩用速灭杀丁20毫升对水60千克喷雾毒杀成虫。7天后再喷1次，效果良好。在蚕豆终花期，喷施40%乐果1000倍液，毒杀幼虫，也有良好效果。

（5）蚕豆根腐病

真菌性病害，喜高温多湿环境，云南省发病较普遍，一般在开花期发病。主要为害根及茎基部，引起全株枯萎。

症状：受害植株主根和茎基部初生水渍状斑，后发黑腐烂，侧根枯朽，皮层易脱落，烂根表面有致密的白色雪层，是病菌的菌丝体，似鼠粪状黑色颗粒，这是病菌的菌核。后期病茎水分蒸发，病部干枯变灰白，表皮破裂如麻丝，内部有时也有鼠粪状黑色颗粒。

流行规律：病菌可在种子上存活或传带，种子带菌率1.2%～14.2%，且主要在种子表面经种皮传播。此外，以菌丝体及厚垣孢子随病残体在土壤中越冬的病菌，都可成为翌年的初侵染源。该病发病程度与土壤含水量有关。在地下水位高或田间积水时，田间持水量高于92%发病最重，地势高的田块发病轻；精耕细作及在冬季实行蚕豆、小麦、油菜轮作的田块发病轻。年度间的差异与气象条件相关，播种时遇有阴雨连绵的年份，死苗严重。

防治方法：

①加强田间管理。干旱时及时灌水；多雨时及时排水、排渍；合理轮作，不偏施氮肥；合理密植，使田间通风透光良好，提高植株的抗病力，减轻病害。在播种时，每亩用浓度为50%的多菌灵150克拌细土盖种。

②药剂防治。苗期用50%多菌灵1000倍液灌根，或用70%托布津800～1500倍液，或65%代森锌可湿性粉剂600倍液喷雾防治。

◆**食物储藏**

1.储藏特性

成熟的蚕豆蚕豆储藏的特性是，虫害严重豆粒易变色。

虫害主要是豆象，包括蚕豆象和绿豆象，这种虫分布很广，被害率最高的可以达到90%以上。一颗豆粒中往往有数头害虫，蚕豆被吃成多个孔洞，被害的蚕豆发芽率降低，色泽品质变差，究其原因是防治不利的缘故。

蚕豆在保管期间豆粒会变色。一般认为是蚕豆皮内有酚物质和多元酚氧化酶缘故。正常的蚕豆一般为青绿色或乳白色，在保管过程中，皮色往往逐渐变为淡褐色、褐色、深褐色或黑色。高温高水分能使氧化酶的活性加强，促进了氧化反应，加剧了变色过程。据实际观察，蚕豆在高温季节变色多，低温季节变色少，通常经过一个夏季储藏，变色粒便会显著增加，有时变色粒高达40%~50%；水分在11%~12%的一般变色较少，水分在13%以下的变色粒较多；在同一处储藏，受日光照射的部位比没有受日光照射的部位，其变色粒要多15%以上，粮堆上层变色程度重于其他部位。

2.储藏技术

蚕豆晒干后，然后利用干砂或谷糠等拌和，再进行密闭低温储藏

是较好的办法，这种方法使蚕豆相对处在干燥、低温、黑暗和隔离外部空气的条件下，有防止豆粒变色和抑制害虫发生的作用。主要有以下3种密闭方法。

（1）夹砂储藏

先将仓房消毒，仓底用洁净无虫的干稻壳和席子铺垫，取除去石粒的干砂和蚕豆，分别在阳光下曝晒，使温度达到50℃左右，蚕豆水分降到12%，稍凉后即可入仓。入仓时蚕豆每层装入20厘米深度后，即压盖砂子10厘米，最后用砂压顶密闭。使用这种方法储藏豆种，直到播种时无虫、无霉、无变色。

（2）拌糠壳储藏

当蚕豆水分晒到12%以下后，用干燥的谷糠或麦壳一筐豆两筐糠壳的比例，将蚕豆与糠壳混匀拌合，最后在顶上再加盖30厘米左右的糠壳密闭储藏。

（3）豆糠夹层储藏

仓底先平垫30~40厘米的干燥谷糠，倒上10厘米厚一层晒干的蚕豆，再盖上3~5厘米的谷糠，如此反复操作，最后再在蚕豆上压盖30厘米左右谷糠密闭储藏。

另外，在蚕豆象为害严重地区，应抓紧入仓后的虫害防治，在于是蚕豆入仓后，应尽早利用磷化铝进行熏蒸杀虫，避免豆象继续在豆内为害。

# 豌　豆

豌豆属豆科植物，起源亚洲西部、地中海地区和埃塞俄比亚、小亚细亚西部，因其适应性很强，在全世界的地理分布很广。豌豆在我国已有两千多年的栽培历史，现在各地均有栽培，主要产区有四川、河南、湖北、江苏、青海等十多个省区。

## ◆形态特征

豌豆一年生缠绕草本，高90～180厘米，全体无毛。小叶长圆形至卵圆形，长3～5厘米，宽1～2厘米，全缘；托叶叶状，卵形，基部耳状包围叶柄。荚果长椭圆形，长5～10厘米，内有坚纸质衬皮；种子圆形，2～10颗，青绿色，干后变为黄色。花果期4～5月。偶数羽状复叶，顶端卷须为叶卷须，托叶呈卵形。花白色或紫红色、单生或1～3朵排列成总状腋生，花柱内侧有须毛，闭花授粉，花瓣蝴蝶形。荚果长椭圆形或扁形，根据内部有无内层革质膜及其厚度分为软荚及硬荚。种子可呈圆形圆柱形、椭圆、扁圆、凹圆形，每荚2～10颗，多为青绿色，也有黄白、红、玫瑰、褐、

豌　豆

黑等颜色的品种。可根据表皮分为皱皮及圆粒，干后变为黄色。根上生长着大量侧根，主根、侧根均有根瘤。因其性状多样且为闭花授粉，孟德尔将其作为遗传因子实验的作物。

豌豆可按株形分为软荚、谷实、矮生豌豆3个变种，或按豆荚壳内层革质膜的有无和厚薄分为软荚和硬荚豌豆，也可按花色分为白色和紫（红）色豌豆。

豌豆既可作蔬菜炒食，子实成熟后又可磨成豌豆面粉食用。因豌豆豆粒圆润鲜绿，十分好看，也常被用来作为配菜，以增加菜肴的色彩，促进食欲。

豌豆属豆科植物，起源亚洲西部、地中海地区和埃塞俄比亚、小亚细亚西部，因其适应性很强，在全世界的地理分布很广。豌豆在中国已有两千多年的栽培历史，现在各地均有栽培，主要产区有四川、河南、湖北、江苏、青海等十多个省区。

### ◆生态特征

豌豆喜冷冻湿润气候，耐寒，不耐热，幼苗能耐5℃低温，生长期适温12℃～16℃，结荚期适温15℃～20℃超过25℃受精率低、结荚少、产量低。

豌豆是长日照植物。多数品种的生育期在北方表现比南方短。南方品种北移提早开花结荚、这与北方春播缩短了在南方越冬的幼苗期，故在北方，豌豆的生育期，早熟种65～75天，中熟种75～100天，晚熟种100～185天。

豌豆对土壤要求虽不严，在排水良好的沙壤上或新垦地均可栽植，但以疏松含有机质较高的中性（pH6.0～7.0）土壤为宜，有利出苗和根瘤菌的发育，土壤酸度低于pH5.5时易发生病害和降低结荚率，应加施石灰改良。豌豆根系深，稍耐旱而不耐湿，播种或幼苗排水不良易烂根，花期干旱授精不良，容易形成空荚或秕荚。

◆**种植品种**

1.小青荚（阿拉斯加）

国外引入，硬荚种，半蔓性，花白色，种子小，绿色，每荚种子4～7粒，圆形，嫩种子供食。种皮皱缩，品质好，为制罐头和冷冻优良品种，上海、南京、杭州等地栽培。

2.杭州白花

硬荚种，植株半蔓性，耐寒性强，花白色，每荚含种子4～6粒，嫩豆粒品质佳，种子圆而光滑，淡黄色，以嫩豆粒供食。

3.莲阳双花

软荚种，蔓性，花白色，荚长6～7厘米，宽1.3厘米，种子圆形，黄白色，嫩荚供食、品质佳。

一般9～11月播种，11月下旬至翌年2月采收。产地广东澄海。

4.大荚豌豆（大荚荷兰豆）

软荚种豌豆，蔓长2米左右，分枝3～5个。花紫色单生，荚特大，长12～14厘米，宽3厘米，浅绿色，荚稍弯凹凸不平，每500克嫩荚约40个。种皮皱缩，呈褐色，嫩荚供食，柔嫩味甜，纤维少，广东一带栽培。

5.成都冬豌豆

硬荚种，本种耐热亦能耐寒、花白色，荚长7厘米，宽1.5厘米。每荚种子4～6粒，圆形光滑，嫩粒绿色，味美，品质佳，以嫩豆粒供食为主。成都7～9月播种，9～12月采收。留种必须行翻秋播种，即寒露后（10月）采收成熟种子，立即播种，翌年立夏收种子，晒干贮藏。

6.1341

早熟，硬荚种，生长期85天左

右，株高30～35厘米，结荚整齐，双花多，单株结荚5～6个。每荚种子5～6粒，亩产干种粒150～200千克。

7.豌豆尖

花白或浅紫色，嫩荚长5～7厘米，每荚种子4～7粒，白绿色，圆形，南方各省把嫩梢做为汤食和炒食，为主要鲜菜之一。如上海称“豌豆苗”、广州称“龙须菜”、四川称“豌豆尖”。品种为无须豌豆。

**◆营养分析**

在豌豆荚和豆苗的嫩叶中富含维生素C和能分解体内亚硝胺的酶，可以分解亚硝胺，具有抗癌防癌的作用。豌豆与一般蔬菜有所不同，所含的止杈酸、赤霉素和植物凝素等物质，具有抗菌消炎，增强新陈代谢的功能。在荷兰豆和豆苗中含有较为丰富的膳食纤维，可以防止便秘，有清肠作用。

**◆人工栽培**

1.起源演化

苏联瓦维洛认为豌豆起源中心为埃塞俄比亚、地中海和中亚，演化次中心为近东；也有人认为起源于高加索南部至伊朗。豌豆由原产地向东首先传入印度北部、经中亚细亚到中国，16世纪传入日本，新大陆发现后引入美国。豌豆是古老作物之一，在近东新石器时代（公元前7000年）和瑞士湖居人遗址中发出碳化小粒豌豆种子，表面光滑，近似现今的栽培类型。

最早的豌豆有近东的耐干燥型和地中海沿岸的湿润型二类，前者可能是栽培品种的祖先。古希腊和罗马人公元前就栽培褐色小粒豌豆，后来又将豌豆传到欧洲和南亚，16世纪欧洲开始分化出粒用、蔓生和矮生等品种并较早普及菜用豌豆。中国最迟在汉朝引入小粒豌豆。《尔雅》中称“戎菽豆”，即豌豆。东汉时，崔寔辑《四民月

令》中有栽培豌豆的记载。16世纪后期高濂著《遵生八笺 》中有

豌豆花

“寒豆芽”的制作方法和作菜用的记述（寒豆即豌豆）。

2.土壤条件

豌豆对土壤条件要求不严，各种土壤均可栽培，但强酸性土壤要施用石灰。豌豆最忌连作，至少要行4～5年的轮作。播种前要深翻土壤，每亩施有机土杂肥2500～3000千克、过磷酸钙20～25千克、氯化钾15～20千克，最好将化肥同有机肥混合施入。一般作平畦，低尘洼处可作高畦。播前种子可接种根瘤菌。

3.播种技术

豌豆播种前用40%盐水选种，除去上浮不充实的或遭虫害的种子。播种前将种子催芽，当种子露芽时，将种子故在0℃～2℃的低温中处理15天后再播种。

豌豆用根瘤菌拌种，是增产的有效措施。用根瘤菌拌种后，根瘤增加，茎叶生长旺盛，结荚多，产量高。拌种方法：每亩用根瘤菌10～19克，加水少许与种子拌匀后便可播种。

大田播种前施入充分腐热的厩肥、堆肥和一定量的磷、钾肥，尤其是施磷肥增产效果明显，豌豆采用点播，行距10～20厘米，行内株

间距5厘米，每穴播2～6粒种子，土壤湿润时覆土5～6厘米。土壤干燥时覆土稍厚些。每亩用种10～15千克。

4.田间管理

播种后要浅松土数次，以提高地温促进根生长，苗健壮。秋播栽培的，越冬前进行一次培土，越冬保温防冻，开春后及时松土除草，提高地温。豌豆开花前，浇小水追速效性氮肥，加速植株生长，促进分技，随后松土保墒。茎部开始坐荚时，浇水量稍加大，并追磷、钾肥。结荚盛期土壤要经常保持润湿。保证果荚发育所需水分。结荚后期，豆秧封垄，减少浇水。蔓性种植株高30厘米时，开始支架。豌豆分批采收，每采收1次追1次肥。

5.采收时间

荚用豌豆在荚果充分长大、籽粒尚未长大时采收。豌豆陆续开花结荚，采收要多次进行。春播的豌豆于4月上旬开始采收，6月上旬拉秧，亩产400千克；秋播豌豆10月上旬～11月中旬采收，亩产300千克。

6.栽培要点

豌豆是性喜冷凉的长日照作物，不耐热，长江流域多行越冬栽培，秋播秋收；高山地区以及中国北方一般春播夏收。由于豌豆对日照长短要求不严格，只要选择适宜的品种，在长江流域地区也可进行春季及秋季栽培。

①越冬栽培

越冬栽培是长江中下游地区最主要的栽培形式，一般利用冬闲地，特别是利用棉花收获后的棉田，既可以棉花秆作天然支架，又可达到增收养地的目的。越冬栽培一般于10月下旬至11月中旬播豌豆种，露地越冬，次年4～5月采收。播种过早，冬前生长过旺，冬季寒潮来临时容易冻死；播种过迟，在冬前植株根系没有足够的发育，次春抽蔓迟，产量低。

②春季栽培

长江中下游地区在2月下旬至3月上旬播种，高温来临前收获；东北地区春播夏收，一般4～5月份播种，根据需要，用小棚、地膜等覆盖也可早播。春季栽培生长期短，前期低温，后期高温，因此要选择生长期短的耐寒品种，如赤花绢英、甜脆豌豆等，并尽量早播。

③秋季栽培

秋季栽培宜选择早熟品种，于9月初播种，11月下旬寒潮来临之前采收完毕。秋季栽培生长期也短，可以通过夏季提前在遮荫棚内育苗，冬季用塑料薄膜覆盖延长生长期。

7.常见病害

（1）豌豆茎腐病

发病特征：危害豌豆茎基部及茎蔓。被害茎部初现椭圆形褐色病斑，绕茎扩展，终致茎段坏死，呈灰褐色至灰白色枯死，其上部托叶及小叶亦渐枯萎。后期枯死茎段表面散生小黑粒病征。

发病规律：病原为半知菌亚门的菜豆壳球孢菌。病原及发病特点与豇豆茎腐病相同。

防治方法：

①本病可结合防治豌豆炭疽病一道进行，一般无需单独防治

②在以本病为主的田块，还可喷施40%600倍液复活一号或70%代森锰锌800倍液，2～3次或更多，隔10～15天1次，前密后疏，交替喷施。着重喷好茎基部。

（2）豌豆花叶病

发病特征：全株发病。病株矮缩，叶片变小，皱缩，叶色浓淡不均，呈镶嵌斑驳花叶状，结荚少或不结荚。

发病规律：病原为病毒。该病由多种病毒单独或复合侵染所致。病毒在寄主活体上存活越冬，由汁液传染，也可由蚜虫传染。种子传毒。一般利于蚜虫繁殖活动的天气或生态环境利于发病。

防治方法：

①早期发现及时拔除病株。

②及时全面喷药杀蚜。用50%抗蚜威乳油2000倍液、金世纪一包兑水30市斤或用10%吡虫灵可湿性粉剂1500倍液喷杀之，轮用或混用，8～10天1次，连喷2～3次。尽可能大面积联防，效果明显。

## 玉米豌豆羹

1. 将玉米粒洗净，上锅蒸1小时取出。
2. 菠萝切成玉米粒大小的颗粒。
3. 枸杞用水泡发。
4. 烧热锅，加水1500克。
5. 冰糖煮溶后放入玉米、枸杞、菠萝、豌豆煮熟。
6. 用湿淀粉水勾芡即可。

# 绿　豆

绿豆是一种豆科、蝶形花亚科豇豆属植物，原产印度、缅甸地区。现在东亚各国普遍种植，非洲、欧洲、美国也有少量种植，中国、缅甸等国是主要的绿豆出口国。种子和茎被广泛食用。

绿豆具有粮食、蔬菜、绿肥和医药等用途。是中国人民的传统豆类食物。绿豆蛋白质的含量几乎是粳米的3倍，多种维生素、钙、磷、铁等无机盐都比粳米多。因此，它不但具有良好的食用价值，还具有非常好的药用价值，有“济世之食谷”之说。在炎炎夏日，绿豆汤更是老百姓最喜欢的消暑饮料。

绿　豆

绿豆性味甘凉，有清热解毒之功。夏天在高温环境工作的人出汗多，水液损失很大，体内的电解质平衡遭到破坏，用绿豆煮汤来补充是最理想的方法，能够清暑益气、止渴利尿，绿豆结果时不仅能补充水分，而且还能及时补充无机盐，对维持水液电解质平衡有着重要意义。绿豆粥也有类似功效。绿豆还有解毒作用。如遇有机磷农药中毒、铅中毒、酒精中毒（醉酒）或吃错药等情况，在医院抢救前都可以先灌下一碗绿豆汤进行紧急处理，经常在有毒环境下工作或接触有毒物质的人，应经常食用绿豆来解毒保健。经常食用绿豆可以补充营养，增强体力。

◆**植物形态**

绿豆，一年生直立或顶端微缠绕草本。高约60厘米，被短褐色硬毛。三出复叶，互生；叶柄长9~12厘米；小叶3，叶片阔卵形至菱状卵形，侧生小叶偏斜，长6~10厘米，宽2.5~7.5厘米，先端渐尖，基部圆形、楔形或截形，两面疏被长硬毛；托叶阔卵形，小托叶线形。总状花序腋生，总花梗短于叶柄或近等长；苞片卵形或卵状长椭圆形，有长硬毛；花绿黄色；萼斜钟状，萼齿4，最下面1齿最长，近无毛；旗瓣肾形，翼瓣有渐窄的爪，龙骨瓣的爪截形，其中一片龙骨瓣有角；雄蕊10，二体；子房无柄，密被长硬毛。荚果圆柱形，长6~8厘米，宽约6毫米，成熟时黑色，被疏褐色长硬毛。种子绿色或暗绿色，长圆形。花期6~7月，果期8月。

绿豆糕

◆**主要产区**

内蒙古、东北（吉林黑龙江部

分地区）气温在北纬30°～25°之间，生长周期90天左右。正常收割时期是八月中旬最佳收获季节，收获日期是7～15天左右；连根拔起收割方式。在内蒙古秸秆可以粉碎加工猪、羊饲料，而且营养价值很高。

◆人工栽培

1.选用品种

根据市场需求和人们的口感，应选择抗倒伏，分枝发达，生长旺盛，生育期短，栽培简单，结荚集中，产量较高，色泽油绿、粒大饱满；食性特点是煮易烂、无石豆，入口化渣口感好的安岳油绿豆和中绿一号等。

2.播种方法

如果林地空闲，可将播期安排在4月上旬；如有前作，可安排在小春收后开厢播种，适宜播期一定要安排在5月下旬以前，以保全苗，获取高产。要坚持抢时抢墒，在雨后土壤湿润时抓紧播种；遇干旱可在播种后用清粪水淋窝。亩播种子1公斤以内，亩用钼酸铵10克兑水10公斤拌种（未用完的水另装备用），收汗后播种。其播种规格是：净作2米开厢，行距50厘米，窝距40厘米，亩播3200～3400窝，窝播5～6粒，每窝定苗2～3株，亩定苗9500株左右；果林地在留足与果树基部间距40厘米的基础上，再2米开厢，与净作的播种规格大体相同；间作则参照净作规格，视情况确定亩播量。

3.底肥施用

一般亩用钙镁磷肥20公斤加灰渣肥1000公斤或草木灰25公斤，再均匀拌和沙壤土300公斤盖种。亩单用田必施优质生物有机肥15公斤粉碎后和沙壤土300公斤盖种的效果最好。

4.田间管理

及时查苗、补苗，确保全苗；4叶期定苗。在瘠薄地，苗期亩用碳铵5公斤加清粪水1000公斤提苗。在初花期，将拌种时剩下的钼酸铵水再兑水40公斤，进行叶背根外追肥。同时，要在初花期前及时中耕、除草、传土壅蔸，防止倒伏。还要注意防治造桥虫和卷叶螟的危害。

5.采收晒贮

绿豆分期分批，及时采收，一般2～3批。绿豆种皮容易吸湿受潮，若贮藏过程中温度高、湿度大，容易丧失发芽率，甚至霉烂变质。因此，绿豆种子，要放在干燥、通风、低温条件下，可用麻袋装。在含水量12%~14%的条件下，囤贮高度不超过1米；堆码高度不超过6袋。种子数量少的，可用坛贮。通常坛底填少量生石灰吸潮，然后用麻袋垫上，再将晒干冷却的种子装进坛内，最后用塑料布将坛口封严，放在干燥冷凉的地方。

6.注意事项

播种时，不能用化肥做种肥，特别是不能用含氮化肥或过磷酸钙拌种。不要在雨前播种。要坚决及时匀苗定苗，不要贪多，以保证个体发育良好。籽粒需用竹器盛装，由厚到薄逐步晒干，不要在三合土、石板和水泥地曝晒，以免破皮，以防破坏蛋白质结构，影响种子质量和商品质量。种子水分一般要求降到13%以下。绿豆干燥后，不宜趁热进仓，应于冷凉后入仓。要注意轮作换茬，多年重茬将严重减产。

7.病虫害防治

（1）绿豆病虫害的发生

①绿豆叶斑病：主要危害叶

绿豆种植

片，在叶片上出现淡褐色或暗褐色病斑，边缘有明显的黄色圆圈，后期几个病斑连成不规则的大型病斑，直径5～10毫米，高温多雨天气，病斑迅速扩大，整个叶片铁红枯死。

绿豆糕点

②绿豆轮纹斑病：感病植株的下部叶片出现紫色病斑，然后上部叶片逐渐出现病斑，直径3～15毫米，后中央变成灰褐色，微具同心轮纹。上面着生无数小黑点，此病还可危害茎秆、豆荚和豆粒。

③绿豆病毒病：绿豆在田间受病毒浸染后，症状表现为花叶皱缩，植株矮化，在田间传播与蚜虫数量有关，及时防治绿豆田蚜虫，加强水肥管理均可减少发病。

④豆野螟：对绿豆的产量和品质影响很大，以二、三代幼虫在7月中旬、8月中旬危害绿豆最重，危害花蕾、结成虫包，藏身其中。幼虫有较强的转移危害习性，一生可转株转荚2～3次，幼虫转株一次能造成落蕾10～15个，或食掉子粒2～3个，使豆角被害部位腐烂变黑。

⑤蚜虫：多集中在绿豆心叶和幼嫩叶背危害。受害后豆叶卷缩，植株矮小，影响开花结荚。

⑥蟋蟀：属杂食性害虫，以若虫和成虫咬断绿豆幼苗嫩茎，危害茎叶及荚果，成虫盛发期在7～8月份，在9～10月成虫昼夜均可危害，但以夜间较多。

⑦绿豆卷叶螟：以幼虫取食叶肉组织，使叶片卷曲，老熟幼虫将

豆叶向上卷折潜居其中危害，并在卷叶中化蛹，危害盛期在7月下旬至8月上中旬。

（2）综合防治技术要点

绿豆病虫害的综合防治要以农业防治为基础，积极推广生物防治，关键时期合理使用药剂防治。

①加强田间管理，秋后深耕，增施钾素肥料。

②保护利用自然天敌，充分利用天敌的自然控制能力，尽量减少农药使用量。

③合理使用药剂防治，掌握好两个关键时期，一是在播种期进行药剂拌种，对苗期病害防效较好；二是花荚期喷药，在初花期开始用药，用志信星每亩40～50克，或50%多菌灵800倍液，加入4.5%高效氯氰菊酯50毫升或3%的啶虫脒10~15克，兑水50～75千克，每隔7～10天喷1次，连续防治3次即可抑制绿豆叶斑病、轮纹斑病、荚螟、豆野螟、大豆蚜、卷叶螟、蟋蟀等多种病虫危害。

◆**营养功效**

1.营养价值

绿豆绿豆又名青小豆，因其颜色青绿而得名，为豆科草本植物绿豆的成熟种子，在中国已有两千余年的栽培史作为粮食作物在各地都有种植。由于它营养丰富，用途较多，李时珍称其为“菜中佳品”。

绿豆是夏令饮食中的上品，更高的价值是它的药用。盛夏酷暑，人们喝些绿豆粥，甘凉可口，防暑消热。小孩因天热起痱子，用绿豆和鲜荷服用，效果更好。若用绿豆、赤小豆、黑豆煎汤，既可治疗暑天小儿消化不良，又可治疗小儿皮肤病及麻疹。常食绿豆，对高血压、动脉硬化、糖尿病、肾炎有较好的治疗辅助作用。此外绿豆还可以作为外用药，嚼烂后外敷治疗疮疖和皮肤湿疹。如果得了痤疮，可以把绿豆研成细末，煮成糊状，在就寝前洗净患部，涂抹在患处。“绿豆衣”能清热解毒，还有消肿、散翳明目等作用。

绿豆芽

因其营养丰富，可作豆粥、豆饭、豆酒、食、麨食，或作饵顿糕，或发芽作菜，故有“食中佳品，济世长谷”之称。自《开宝本草》记载：“绿豆，甘，寒，无毒。入心、胃经。主丹毒烦热，风疹，热气奔豚，生研绞汁服，亦煮食，消肿下气，压热解毒。”以后历代本草对绿豆的药用功效多有阐发。《本草纲目》云："绿豆，消肿治痘之功虽同于赤豆，而压热解毒之力过之。且益气、厚肠胃、通经脉，无久服枯人之忌。外科治痈疽，有内托护心散，极言其效。"并可"解金石、砒霜、草木一切诸毒"。

《本草求真》曰："绿豆味甘性寒，据书备极称善，有言能厚肠胃、润皮肤、和五脏及资脾胃，按此虽用参、芪、归、术，不是过也。第所言能厚、能润、能和、能资者，缘因毒邪内炽，凡脏腑经络皮肤脾胃，无一不受毒扰，服此性善解毒，故凡一切无不用此奏效。"纵观各家本草，对绿豆清热祛暑解毒，利水等药用功效都极为推崇。近几十年来，人们用现代科学技术对绿豆进行了多方面的研究。

2.药理作用

（1）抗菌抑菌作用

绿豆具有抗菌抑菌作用。

①绿豆中的某些成分直接有抑菌作用。通过抑菌试验证实，绿豆衣提取液对葡萄球菌有抑制作用。根据有关研究，绿豆所含的单宁能凝固微生物原生质，可产生抗菌活性。绿豆中的黄酮类化合物、植物甾醇等生物活性物质可能也有一定程度的抑菌抗病毒作用。

②通过提高免疫功能间接发挥抗菌作用。绿豆所含有的众多生物活性物质如香豆素、生物碱、植物甾醇、皂甙等可以增强机体免疫功能，增加吞噬细胞的数量或吞噬功能。有实验用补体致敏酵母血凝法检测绿豆对正常及环磷酰胺所致免疫功能低下小鼠的红细胞免疫粘附功能的影响，结果表明绿豆可以抑制环磷酰胺诱发的小鼠红细胞功能低下的作用。

（2）降血脂作用

有人用70%的绿豆粉或发芽绿豆粉混于饲料中喂兔，结果发现对实验性高脂血症兔血脂（总胆固醇及β～脂蛋白）的升高有预防及治疗作用，进而明显减轻冠状动脉病变，有人将绿豆水醇提取物拌入饲料喂养动物，连续7天，证实对正常小鼠和正常大鼠血清胆固醇有明显降低作用。进一步研究发现，绿豆中含有的植物甾醇结构与胆固醇相似，植物甾醇与胆固醇竞争酯化酶，使之不能酯化而减少肠道对胆固醇的吸收、并可通过促进胆固醇异化和/或在肝脏内阻止胆固醇的生物合成等途径使血清胆固醇含量降低。另外，大豆球蛋白被实验证实有降低血清胆固醇的作用，绿豆的球蛋白是否有同样的作用值得探讨。

（3）抗肿瘤作用

绿豆

有实验发现，绿豆对吗啡+亚硝酸钠诱发小鼠肺癌与肝癌有一定的预防作用。另有实验证实，从绿豆中提取的苯丙氨酸氨解酶对小鼠白血病L1210细胞和人白血病K562细胞有明显的抑制作用，并随酶剂量增加和作用时间延长，抑制效果明显增加，同样作用48小时，0.7单位/毫升的酶其抑制率分别为52%和14.1%，当酶增加为3.5单位/毫升，可分别达77.1 %和5.8%，而以0.2 0%、1.0%、2.0%、4.0%、6.0%、10.0%的酶作用于癌细胞72小时，其抑制率分别为25.8%、40.0%、55.3%、72.6%、77.9%、82.9%。

（4）解毒作用

绿豆中含有丰富的蛋白质，生绿豆水浸磨成的生绿豆浆蛋白含量颇高，内服可保护胃肠粘膜。绿豆蛋白、鞣质和黄酮类化合物可与有机磷农药、汞、砷、铅化合物结合形成沉淀物，使之减少或失去毒性，并不易被胃肠道吸收。绿豆中的生物活性物质不少具有抗氧化作用，在治疗有机磷农药中毒时是否通过抗氧化作用从而减轻了有机磷农药的细胞毒性和遗传毒性有待于进一步的探讨。

（5）其他

高温出汗可使机体因丢失大量的矿物质和维生素而导致内环境紊乱，绿豆含有丰富无机盐、维生素。在高温环境中以绿豆汤为饮料，可以及时补充丢失的营养物质，以达到清热解暑的治疗效果。

绿豆磷脂中的磷脂酰胆碱、磷脂酰乙醇胺、磷脂酰肌醇、磷脂酰甘油、磷脂酰丝氨酸和磷脂酸有增进食欲作用。绿豆淀粉中含有相当数量的低聚糖（戊聚糖、半乳聚糖等）。这些低聚糖因人体胃肠道没有相应的水解酶系统而很难被消化吸收，所以绿豆提供的能量值比其他谷物低，对于肥胖者和糖尿病患者有辅助治疗的作用。而且低聚糖是人体肠道内有益菌-双歧杆菌的增殖因子，经常食用绿豆可改善肠道菌群，减少有害物质吸收，预防某些癌症。

绿豆还是提取植物性SO天的良好原料。由绿豆为原料制备的SO天口服液，其中所含的SO天经过化学修饰，可不被胃酸和胃蛋白酶破坏，延长半衰期，适合于人体口服吸收。该口服液除了含有SO天以外，还富含氨基酸、β-胡萝卜素和微量元素等营养成分，具有很好的抗衰老功能。另外，还有实验证明，绿豆中的鞣质既有抗菌活性，又有局部止血和促进创面修复的作用，因而对各种烧伤有治疗作用。

# 红 豆

红豆指红豆树，乔木，羽装复叶，小叶长椭圆，圆锥花序，花白色，荚果扁平，种子鲜红色。产于亚热带地区。也常说是这种植物的种子。红豆可以制成多种美味的食品，有很高营养价值。在古代文学中常用来象征相思。

**◆植物属性**

红豆在植物学上是一个大类，至少涉及三种植物：

1. 藤本相思子，不是王维诗中的红豆（种子半红半黑）

相思子：豆科。木质藤本。枝细弱。春夏开花，蝶形花冠，常淡红或紫色，总状花序。荚果长椭圆形。种子宽卵形，上端朱红色，下端黑色。分布于亚洲热带；中国南部亦产。种子学名鸡母珠，有剧毒，常用为中药材。

2.常绿乔木红豆树，别名相思树，真正的红豆、相思豆（种子全红）

红豆树：豆科。乔木。春季开花，蝶形花冠，白色或淡红色，圆锥花序。荚果木质，长椭圆形，种子鲜红色，光亮。产于中国中部和华东地区，供观赏；木材坚重，红色，花纹美丽，为优良的雕刻和细木工用材。

3.落叶乔木海红豆，别名相思树，真正的红豆、相思豆（种子全红）

海红豆：亦称“相思格”、“相思树”、“孔雀豆”。豆科。落叶乔木。花小，白色或淡黄色，成狭窄的总状花红豆序。荚果成熟时弯曲旋卷。种子凸镜形，鲜红色。产于菲律宾、越南、马来西亚、印度尼西亚、印度、斯里兰卡；亦见于中国广东、海南、广西、云南以及喜马拉雅山东部。木材坚硬，心材纹理略粗，耐水湿。为优良造船用材，又可作建筑、家具、枪托等用材。种子鲜红色，晶莹如珊瑚，南方人常用来镶嵌饰物。

4.赤豆，又名红豆，是蔬食红豆，与爱情和相思无关（种子暗红）

赤豆：古称“小菽”、“赤菽”，俗称“赤小豆”、“红豆”、“赤豆”、“红小豆”、“小豆”。豆科。一年生草本植物。花黄或淡灰色。荚果无毛，种子椭圆或长椭圆形，一般为赤色。原产于亚洲；中国栽培较广。种子富含淀粉、蛋白质和B族维生素等，可作粮食和副食品，并可供药用，是进补之品。

5.台湾相思树，不长相思豆（种子深褐色）

台湾相思树：豆科。常绿乔木。高可达15米。4～10月开花，头状花序，花金黄色。荚果带状，扁平。种子深褐色，有光泽。分布于中国台湾、福建中部以南和广东、海南的丘陵、平原酸性土地。木材坚实、细致、耐久，供建筑及

台湾相思树

制农具用。树批可提栲胶。又为华南地区的行道树、观赏树。

6. 红豆杉，非属豆科，与红豆毫不相干（种子全红）

红豆杉：红豆杉科。常绿乔木。小枝至秋季变黄绿色或淡红褐色。种子扁卵形，两侧各有一不明显的棱背，围有红色肉质杯状假种皮。为中国特有树种，分布于甘肃、陕西、湖北以及四川、云南。木材可作建筑、舟车、家具、器具等用材；种子榨油。

◆**植物形态**

1.赤小豆

赤小豆，又名：猪肝赤(《本经逢原》)，杜赤豆(《本草便读》)，米赤豆、茅柴赤、米赤。一年生半攀援草本。茎长可达1.8米，密被倒毛。3出复叶，叶柄长8～16厘米；托叶披针形或卵状披针形；小叶3枚，披针形、矩圆状

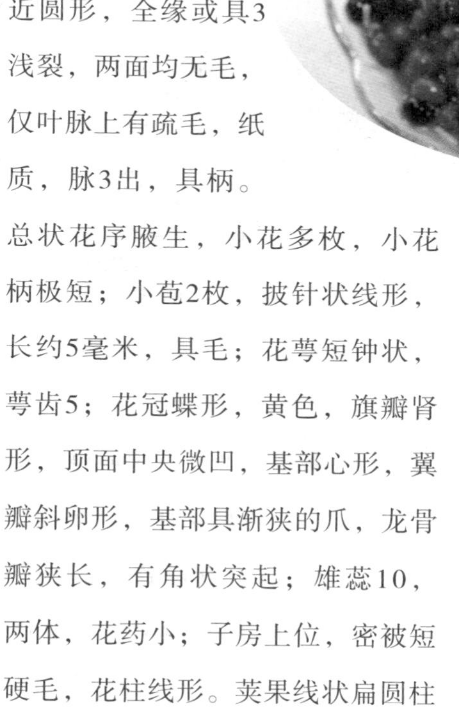

披针形至卵状披针形，长6～10厘米，宽2～6厘米，先端渐尖，基部阔三角形或近圆形，全缘或具3浅裂，两面均无毛，仅叶脉上有疏毛，纸质，脉3出，具柄。总状花序腋生，小花多枚，小花柄极短；小苞2枚，披针状线形，长约5毫米，具毛；花萼短钟状，萼齿5；花冠蝶形，黄色，旗瓣肾形，顶面中央微凹，基部心形，翼瓣斜卵形，基部具渐狭的爪，龙骨瓣狭长，有角状突起；雄蕊10，两体，花药小；子房上位，密被短硬毛，花柱线形。荚果线状扁圆柱形；种子6～10枚，暗紫色，长圆形，两端圆，有直而凹陷的种脐。花期5～8月。果期8～9月。栽培或野生。分布广东、广西、江西及上海郊区等地。

2.赤豆

红豆刨冰

赤豆，又名：红饭豆。一年生直立草本，高30～90厘米。茎上有硬毛。3出复叶；托叶线形，被白色长柔毛；小叶卵形至斜方状卵形，长5～10厘米，宽3.5～7厘米，先端短尖或渐尖，基部三角形或近圆形，全缘或极浅3裂，两面被疏长毛。花2～6朵，着生于腋生的总花梗顶端；蝶形花，形与上种相同；荚果扁圆筒状，于种子间收缩，无毛；种子6～10粒，暗红色，矩圆形，两端截形或圆形，种脐不凹。花期6～7月。果期7～8月。全国各地广为栽培。

◆药理作用

（1）治水肿坐卧不得，头面身体悉肿：桑枝烧灰、淋汁，煮赤小豆空心食令饱，饥即食尽，不得吃饭。(《梅师集验方》)

（2）治卒大腹水病：白茅根一大把，小豆三升，煮取干，去茅根食豆，水随小便下。(《补缺肘后方》)

（3）治水肿从脚起，入腹则杀人：赤小豆一升，煮令极烂，取汁四、五升，温渍膝以下；若已入腹，但服小豆，勿杂食。(《独行方》)

（4）治脚气：赤小豆五合，葫一头，生姜一分(并破碎)，商陆根一条(切)。同水煮，豆烂汤成，适寒温，去葫等，细嚼豆，空腹食之，旋旋啜汁令尽。(《本草图经》)

红 豆

（5）治脚气气急，大小便涩，通身肿，两脚气胀，变成水者：赤小豆半升，桑根白皮(炙，锉)100克，紫苏茎叶一握(锉，焙)。上三味除小豆外，捣罗为末。每服先以豆一合，用水五盏煮熟，去豆，取汁二盏半，入药末20克，生姜0.5克，拍碎，煎至一盏半，空心温服，然后择取豆任意食，日再。(《圣济总录》赤小豆汤)

（6）治伤寒瘀热在里，身必黄：麻黄100克(去节)，连轺100克，赤小豆一升，杏仁四十个(去皮、尖)，大枣十二枚(擘)，生梓白皮(切)一升，生姜100克(切)，甘草100克(炙)。上八味，以水一斗，先煮麻黄再沸，去上沫，纳诸药，煮取三升，去滓，分温三服，半日服尽。(《伤寒论》麻黄连轺赤小豆汤)

（7）治急黄身如金色：赤小豆50克，丁香0.5克，黍米0.5克，瓜蒂0.25克，熏陆香5克，青布五寸(烧灰)，麝香5克(细研)。上药捣细罗为散，都研令匀。每服不计时候，以清粥饮调下5克；若用少许吹鼻中，当下黄水。(《圣惠方》赤小豆散)

（8）治肠痔大便常血：小豆一升，苦酒五升，煮豆熟，出干，复纳清酒中，候酒尽止，末。酒服方寸匕，日三度。(《肘后方》)

（9）治热毒下血，或因食热物发动：赤小豆杵末，水调下方寸匕。(《梅师集验方》)

（10）治疽初作：小豆末醋敷之，亦消。(《小品方》)

（11）治大小肠痈，湿热气滞瘀凝所致：赤小豆、薏苡仁、防己、甘草，煎汤服。(《疡科捷径》赤豆薏苡汤)

（12）治小儿天火丹，肉中有赤如丹色，大者如手，甚者遍身，或痛或痒或肿：赤小豆二升。末之，鸡子白和如薄泥敷之，干则易。一切丹并用此方。(《千金方》)

（13）治腮颊热肿：赤小豆末和蜜涂之，或加芙蓉叶末。(《纲目》)

（14）治风瘙瘾疹：赤小豆、荆芥穗等分，为末，鸡子清调涂之。(《纲目》)

（15）治舌上忽出血，如簪孔：小豆一升，杵碎，水三升，和搅取汁饮。(《肘后方》)

（16）治妇人吹奶：赤小豆酒研，温服，以滓敷之。(《妇人良方补遗》)

# 扁　豆

扁豆，一年生草本植物，茎蔓生，小叶披针形，花白色或紫色，荚果长椭圆形，扁平，微弯。种子白色或紫黑色。嫩荚是普通蔬菜，种子可入药。

### ◆形态特性

一年生缠绕草本。小叶3，顶生小叶菱状广卵形，侧生小叶斜菱状广卵形，长5~10厘米，宽4.5~10.5厘米，顶端短尖或渐尖，基部宽楔形或近截形，两面沿叶脉处有白色短柔毛。总状花序腋生；花2~4朵丛生于花序轴的节上；萼上部2齿几完全合生，其余3齿近相等；花冠白色或紫红色，旗瓣基部两侧有2附属体；子房有绢毛，基部有腺体，花柱近顶端有白色髯毛。荚果扁，镰刀形或半椭圆形，长5~7厘米；种子3~5颗，扁，长圆形，白色或紫黑色。花果期7~9月。

扁　豆

扁豆的干燥种子为扁椭圆形或扁卵圆形，长约8 ~ 12毫米，宽6 ~ 9毫米，厚4 ~ 7毫米。表面黄白色，平滑而光泽，一侧边缘有半月形白色隆起的种阜，约占周径的1/3 ~ 1/2，剥去后可见凹陷的种脐，紧接种阜的一端有1珠孔，另端有短的种脊。质坚硬，种皮薄而脆，内有子叶2枚，肥厚，黄白色，角质。嚼之有豆腥气。以饱满、色白者佳。

### ◆营养功效

1.营养分析

扁豆是一种含蛋白质纤维、维A原、维生素和氰甙、酪氨酸酶等，扁豆衣的B族维生素含量特别丰富。此外，还有磷脂、蔗糖、葡萄糖。另外扁豆中还含有血球凝集素，这是一种蛋白质类物质，可增加脱氧核糖核酸和核糖核酸的合成，抑制免疫反应和白细胞与淋巴细胞的移动，故能激活肿瘤病人的淋巴细胞产生淋巴毒素，对肌体细胞有非特异性的伤害作用，故有显著的消退肿瘤的作用。肿瘤患者宜常吃扁豆，有一定的辅助食疗功效。扁豆气清香而不串，性温和而色微黄，与脾性最合。

扁　豆

2.食疗作用

扁豆味甘、性平，归脾、胃经，有健脾、和中、益气、化湿、消暑之功效，主治脾虚兼湿，食少便溏，湿浊下注，妇女带下过多，暑湿伤中，吐泻转筋等证。

3.食疗价值

豆科草质藤本植物扁豆的白色种子或荚果。又称南扁豆、沿篱豆、峨眉豆、羊眼豆、藤豆，有黑、白等扁豆炒菜色之异。中国华东、中南、西南和河北、辽宁等地均有栽培。冬季采收成熟荚果，晒干，除去荚皮，收集种子炒黄或稍煮；或秋季采摘未成熟荚果鲜用。

健脾和中，消暑化湿。治暑湿吐泻，脾虚呕逆，食少久泄，水停消渴，赤白带下，小儿疳积。

扁　豆

4.药理作用

扁豆扁豆中含有对人的红细胞的非特异性凝集素，其具有某些球蛋白特性；对牛、羊红细胞并无凝集作用。在扁豆中可分出两种不同的植物凝集素，凝集素A不溶于水，无抗胰蛋白酶活性；如混于食物中喂饲大鼠，可抑制其生长，甚至引起肝脏的区域性坏死；加热后则毒性作用大为减弱，因此凝集素A是粗制扁豆粉中的部分有毒成分。凝集素B可溶于水，有抗胰蛋白酶的活性，对胰蛋白酶的抑制为非竞争型的。在15℃～18℃（pH值3～10）可保持活力30天以上，蒸压消毒或煮沸1小时后，活力消失94%～86%。此种胰蛋白酶抑制剂，在体外不能被一般蛋白酶分解，在体内不易消化，在1毫克/0.1毫升浓度时，由于抑制了凝血酶，可使枸橼酸血浆的凝固时间由20秒延长至60秒。

5.实用附方

①治脾胃虚弱，饮食不进而呕吐泄泻者：白扁豆一斤半（姜汁浸，去皮，微妙），人参（去芦）、白茯苓、白术、甘草（炒）、山药各二斤，莲子肉（去皮），桔梗（炒令深黄色）、薏苡仁、缩砂仁各一斤。上为细末，每服二钱，枣汤调下，小儿量岁数加

减服。（《局方》参苓白术散）

②治霍乱扁豆一升，香薷一升。以水六升煮取二升，分服。单用亦得。（《千金方》）

③治消渴饮水：白扁豆浸去皮，为末，以天花粉汁同蜜和丸梧子大，金箔为衣。每服二、三十丸，天花粉汁下，日二服。忌炙煿酒色。次服滋肾药。（《仁存堂经验方》）

④治水肿：扁豆三升，炒黄，磨成粉。每早午晚各食前，大人用三钱，小儿用一钱，灯心汤调服。（《本草汇言》）

⑤治赤白带下：白扁豆炒为末，用米饮每服二钱。（《永类钤方》）

⑥治中砒霜毒：白扁豆生研，水绞汁饮。（《永类钤方》）

⑦治恶疮连痂痒痛：捣扁豆封，痂落即差。（《补缺肘后方》）

6.食疗附方

扁豆种子有白色、黑色、红褐色等数种，入药主要用白扁豆；黑色看古名“鹊豆”，不供药用；红褐色者在广西民间称“红雪豆”，用作清肝、消炎药，治眼生翳膜。

①扁豆茯苓散：炒扁豆30克，茯苓15克。研为细末。每次3克，加红糖适量，用沸水冲调服。

本方以扁豆健脾除湿，茯苓补脾而能利尿消肿。用于脾虚水肿。

②煮扁豆：扁豆子60克（或嫩扁豆荚果120克），以食油、食盐煸炒后，加水煮熟食。每日2次，连食1周。

此方取扁豆健脾除湿以止带。用于妇女脾虚带下。色白。

③扁豆香薷汤：扁豆30克，香薷15克。加水煎汤，分2次服。

源于《千金要方》。本方取扁豆利湿和中，香薷化湿利小便。用于湿浊阻滞，脾胃不和，呕吐腹泻，小便不利。

若夏季兼感暑热，见有心烦发热、头昏等症者，可加荷叶、金银花之类清热祛暑。

◆**人工栽培**

1．环境条件。种子适宜发芽温度为22~23摄氏度。植株能耐35摄氏度左右高温，根系发达强大、耐旱力强，对土适应性广，在排水良好而肥沃的沙质土壤或壤土种植能显著增产。

2．走架栽培。扁豆一般直播，整地施肥等与四季豆（架刀豆）相同。畦宽133厘米，高10~15厘米，沟宽50厘米，每畦种植两行。行距70~80厘米，株距50厘米。露地栽培4月上、中旬直播，每穴播种3~4粒，覆土3~4粒，每亩需种量约3.5~4公斤。出苗后匀苗，每穴苗2株。匀苗后，每亩追施人粪500公斤。蔓长35厘米时搭人字架，引蔓上架。结果期追肥两次，每次人粪尿500公斤。中耕、除草与四季豆相同。

3．不设支架栽培。早熟品种不设支架栽培。先整地、施基肥，

做成畦，塑料棚冷床育苗，苗期30天，4月中、下旬定植，行、株距各为40厘米，每穴栽苗4株。当株高50厘米时，留40厘米摘心，使其生侧枝，当侧枝的叶腋生出次侧枝后再行摘心，连续4次。采收后，见生出嫩枝仍可继续摘心。使植株呈丛生状，采收期在7月上旬，亩产800～1000公斤。

## 多味扁豆

口味：鲜咸酸甜，香辣可口

主要材料：扁豆350克、大蒜5瓣

调味料：香油1小匙、辣椒油1小匙、酱油1小匙、麻酱1小匙、香醋1小匙、精盐1小匙、白糖1小匙、味精1/2小匙

1. 大蒜切末；扁豆洗净后切丝，在沸水中焯熟，以除去毒素和豆腥味；

2. 扁豆丝捞出后立即投入冷水中浸泡一下，可以保持其碧绿的颜色，口感也更脆嫩；

3. 然后加入麻酱、酱油、蒜末、辣椒油、精盐、白糖、味精、醋、香油拌匀装盘即可。

# 芸　豆

芸豆(俗称二季豆或四季豆)，豆科科菜豆属。芸豆原产美洲的墨西哥和阿根廷，我国在16世纪末才开始引种栽培。

芸豆适宜在温带和热带高海拔地区种植，比较耐冷喜光属异花授粉、短日照作物，芸豆根系发达，叶绿色，互生，心脏形，花为虫叶形花，总状花序，花梗长15～18厘米。开花多结荚少。它营养丰富，蛋白质含量高，即是蔬菜又是粮食，还可作糕点和豆馅，是出口创汇的重要农副产品。芸豆学名菜豆，蝶形花科菜豆属。芸豆原产美洲的墨西哥和阿根廷，我国在16世纪末才开始引种栽培。

芸　豆

◆**植物形态**

根系较发达。茎左缠绕攀援，蔓生、半蔓生或矮生。初生真叶为单叶，对生；以后的真叶为三出复叶，近心脏形。总状花序腋生，蝶形花。花冠白、黄、淡紫或紫等色。自花传粉，少数能异花传粉。每花序有花数朵至10余朵，一般结

芸　豆

2～6荚。荚果长10～20厘米，形状直或稍弯曲，横断面圆形或扁圆形，表皮密被绒毛；嫩荚呈深浅不一的绿、黄、紫红（或有斑纹）等颜色，成熟时黄白至黄褐色。随着豆荚的发育，其背、腹面缝线处的维管束逐渐发达，中、内果皮的厚壁组织层数逐渐增多，鲜食品质因而降低。故嫩荚采收要力求适时。每荚含种子4～8粒，种子肾形，有红、白、黄、黑及斑纹等颜色；千粒重0.3～0.7千克。染色体数2n=22。

**◆生长特征**

菜豆性喜温暖，不耐霜冻。种子发芽适温为20℃～25℃，8℃以下或35℃以上发芽受阻。幼苗生长适温为18℃～20℃，8℃时受冷害。开花结荚适温为20℃～25℃，高于27℃或低于15℃容易出现不完全花，而导致落花落荚。

红芸豆

菜豆属短日性蔬菜，但多数品种对日长短要求不严格，四季都能栽培，故有“四季豆”之称。南北各地均可相互引种。

菜豆对土质的要求不严格，但适宜生长在土层深厚、排水良好、有机质丰富的中性壤土中。菜豆对肥料的要求以磷、钾较多，氮也需要。在幼苗期和孕蕾期要有适量氮肥供应，才能保证丰产。

菜豆在整个生长期间要求湿润状态，由于根系发达，所以能耐一定程度的干旱，但开花结荚时对缺水或积水尤敏感，水分过多，会引起烂根。

◆**主要类型**

蔓生种菜豆的茎呈左旋性缠绕生长，顶芽为叶芽，各节叶腋可形成侧蔓或花序；生育期一般为100～120天；花序多，开花结荚时间长，产量较高。其矮生变种的主茎生长4～8节后顶芽形成，花序不再伸长；各节叶腋发生侧枝或花序，侧枝生长几节后顶芽也形成花序；生育期一般为50～60天；花序少，开花结荚少,产量较低。采收期较集中，适宜机械化栽培。蔓生种与矮生种之间的中间类型为半蔓生种。此外，还可按荚果结构分为硬荚菜豆(荚果内果皮革质发达)和软荚菜豆（嫩荚果肥厚少纤维）；按用途分为荚用种和粒用种。

◆**膳食营养**

1.营养成分

芸豆营养丰富，据测定，每百克芸豆含蛋白质23.1克、脂肪1.3克、碳水化合物56.9克、钙76毫克及丰富的B族维生素，鲜豆还含丰富的维生素C。从所含营养成分看，蛋白质含量高于鸡肉，钙含量是鸡的7倍多，铁为4倍，B族维生素也高于鸡肉。

2.食用价值

芸豆是营养丰富的食品，不过其籽粒中含有一种毒蛋白，必须在高温下才能被破坏，所 以食用芸豆必须煮熟煮透，消除不利因子，趋利避害，更好地发挥其营养效益。嫩荚约含蛋白质6%，纤维10%，糖1%～3%。干豆粒约含蛋白质22.5%，淀粉59.6%。鲜嫩荚可作蔬菜食用，也可脱水或制罐头。

芸豆还是一种难得的高钾、高镁、低钠食品，这个特点在营养治疗上大有用武之地。芸豆尤其适合心脏病、动脉硬化，高血脂、低血钾症和忌盐患者食用。

3.药用价值

现代医学分析认为，芸豆还含有皂苷、尿毒酶和多种球蛋白等独特成分，具有提高人体血身的免疫能力，增强抗病能力，激活淋巴T细胞，促进脱氧核糖核酸的合成等功能，对肿瘤细胞的发展有抑制作用，因而受到医学界的重视。其所含量尿素酶应用于肝昏迷患者效果很好。

### ◆栽培要点

1.环境条件

（1）温度

芸 豆

芸豆适宜在温带和热带高海拔地区种植，比较耐冷，忌高温。在气温低于5度时才受冻，遇霜冻地上部分死亡。生长发育要求无霜期120天以上地区，最适宜的发芽温度为20℃～25℃，适宜生长的温度18℃～20℃,高于30或低于15授粉结实困难。特别适宜云南的高原山区种植。

（2）光照

属自花授粉、短日照作物，并喜欢阳光充足。日照时间越短，阳光足，芸豆开花、结荚、成熟时间越提前。反之，日照延长，阳光不足，芸豆开花、结荚、成熟时间后延，枝叶徒长，甚致不能开花结荚。

芸豆种植

（3）水分

在全生育期内，芸豆要求比较充足而均匀的水分，开花结荚期是需水分最多的时期。此时若缺水，对产量影响较大。而在云南、贵州，天然降雨通常能满足要求，可以不灌水。

（4）土壤

芸豆根系比较发达，适于在土层深厚和排水良好的中壤类型的土壤种植，对粘重和排水不良的土壤不太适宜。土壤酸碱度以中性和稍酸性为好。

2.技术特点

菜豆为喜温植物。生长适宜温度为15℃～25℃，开花结荚适温为20℃～25℃，10℃以下低温或30℃以上高温会影响生长和正常授粉结荚。属短日照植物，但多数品种对日照长短的要求不严格，栽培季节主要受温度的制约。中国的西北和东北地区在春夏栽培；华北、长江流域和华南行春播和秋播。直播或育苗移栽均可。对土壤要求不严格。

（1）抓最佳节令、适时播种。在土壤温度10度时就可以播种，一般在4月至6月都可播种，亩播种量为6.5～8公斤，要求播种深度在10～15厘米。

（2）施足底肥，适时追肥。亩施农肥1500公斤左右，复合肥40～50公斤(磷肥30公斤，钾肥10～15公斤)作底肥。追肥在始花期和结荚期适当追施两次复合肥，每次每亩10～15公斤。

（3）合理密植。要求作单垄或双垄高墒栽培，行距为0.8～1米，株距0.35～0.45米。每塘播2～3粒，每亩1500～2200塘。可纯种或与玉米、洋芋间套种(2：1，4：1)。

（4）搭架和去顶。在主茎高30～40厘米或出现5～6片真叶时搭架,架高2米以上；在株高50厘米左右时摘除技头。通过多次摘除新生枝头，使植株形成矮灌丛状，减少高度,增加开花结荚数。

（5）及时防治病虫草害(萎蔫病、白粉病、病毒病，蚜虫、豆荚螟、红蜘蛛、绿豆象)。

◆**病虫害防治**

芸豆种植

1.菜豆菌核病

分布和寄主植物：各地均有分布。除为害菜豆外，也侵染其它蔬菜。

症状：靠近地面茎基部或蔓部初呈水浸状，后呈灰白色。在潮湿环境下，症茎密生白色棉絮状菌丝体，并结生黑色菌核。

发病规律：在菌核在土中越冬。子囊孢子孙随气流进行初次浸染。在菜株生长期间，主要是以菌丝体的相互接触进行再次侵染。气温20℃左右，相对湿度85%以上有利于病毒的发生。

防治方法：

（1）轮作。

（2）加强田间管理，合理施肥灌溉。

（3）及时喷药，药剂有50%托布津可湿性粉剂500倍液或52%多菌灵可湿性粉剂1000倍液，每隔7～10天喷药一次，共2～3次。

2.菜豆细菌性疫病

（1）分布和寄主植物

东北各省、河南、湖北、湖南、江苏、浙江等省均有发生。为害菜豆，还侵害绿豆、小豆、豇豆和扁豆等。

（2）症状

叶片上初生暗绿色水浸状斑点，扩大后呈不规则形，变褐色，病组织变薄，半透明，周围有黄色晕环。老病斑易发生破裂。嫩叶受害呈畸形，严重时，病叶皱缩脱落。茎和荚的症状与叶片的相似，初呈水浸状斑点，扩大后分别呈条斑

黑芸豆

（在茎上）和圆形或不整形斑（在荚上），病部凹陷，红褐色。斑面常有淡黄色的菌脓溢出，病荚种子受侵染部位表面呈黄色斑点或仅脐部略现黄斑。

（3）发病规律

病菌在种子内和随病残体留在地上越冬。带菌种子萌芽后，先后其子叶发病，并在子叶产生病原细菌，通过风雨、昆虫、人畜等传播到豆株上，从气孔侵入。高温多湿适于本病流行，但到36℃时病害则逐渐停止。在高温下潜育期一般为2～3天。

（4）防治方法

①选用无病种子播种。

②与非豆科作物轮作二年。

③喷布0.5%波尔多液，每7～10天喷药一次，共2～3次。

3.菜豆花叶病

（1）分布和寄主植物

各地均有分布。引起菜豆花叶病的病毒有三种：菜豆普通花叶病毒除为害菜豆外，一些菜豆属植物、蚕豆、豇豆和扁豆等也被害。菜豆黄色花叶病毒除包括菜豆普通花叶病毒的寄主植物外，还有豌豆、大豆、两种三叶草、白色扇扁豆、白色甜三叶、黑色紫苜蓿、唐晶蒲等。黄瓜花叶病毒菜豆株系只为害菜豆。

（2）症状

嫩叶初呈明脉、缺绿或皱硬，新长出的嫩叶则呈花叶，其绿色部分突起或凹下呈袋状，有些品种感病后变为畸形。病株矮缩或正常，果荚一般正常。菜豆黄色花叶病毒所引起的症状比其它毒株所引起的较为严重，花叶的色泽较黄，叶片向下变曲也较严重。

（3）发病规律

初次侵染来源主要是越冬的寄主植物，除菜豆黄色花叶病毒外，其它两种病毒的带毒种子也是主要的初次侵染源。生长期间主要是靠蚜虫传染。蚜虫在病株上吸食病毒和在健株上传达室毒所需时间约为1～5分钟，但对菜豆黄色花叶的最短时间分别为15秒钟和15～30秒钟。高温（26℃）下多呈重花叶、矮化及卷叶；18℃左右时呈轻花叶；28℃以上和18℃以下症状受到抑制；强光和延长光照时间有加重症状的趋势。

（4）防治方法

①选育抗病品种。

②无病株留种。

③及时防治蚜虫。

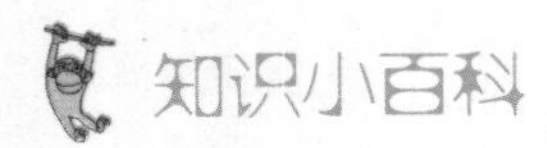


## 甜豆子

芸豆洗干净，加纯净水泡一晚上（国内多数地方如果用生水泡要么会有发酵味道要么氯气味道很重）。加比较多冰糖和比较多水高压锅焖半个小时，热着吃冷着吃冰着吃都超级好。

猪肘子一个，加按上面说法泡好的豆子，还有黄酒、上海宴会酱油、少许冰糖。高压锅焖半个小时，热吃非常好吃。如果加进半斤干净的肉皮，焖45分钟，拆去所有的骨头，肉撕开，倒进盆里，冷却了就是好吃的豆皮冻。

## 芸豆鸡蛋

将芸豆切成丁（很小的小块），油，葱烹锅，酱油，芸豆入锅翻炒，加水，量适当多一点，因为是汤菜，开锅加盐，芸豆熟了以后，将1～2个鸡蛋调好倒入滚开的锅里，翻一下出锅。

# 刀　豆

刀豆，豆科刀豆属的栽培亚种，一年生缠绕性草本植物，也是豆科植物刀豆的种子。秋、冬季采收成熟荚果，晒干，剥取种子备用；或秋季采摘嫩荚果鲜用。

### ◆植物形态

刀豆为豆科植物刀豆的种子。一年生缠绕状草质藤本。茎长可达数米，无毛或稍被毛。三出复叶，叶柄长7～15厘米；顶生小叶通常宽卵形或卵状长椭圆形，长8～20厘米，宽5～16厘米，顶端渐尖，基部宽楔形或近圆形，全缘，两面无毛，侧生小叶基部圆形、偏斜。总状花序腋生，花疏，有短梗，常2～3朵簇生于花序轴上，萼管状钟形，稍被毛，上唇大，具2裂齿，下唇有3裂齿，卵形；花冠蝶形，淡红色或淡紫色，长3～4厘米，旗瓣宽椭圆形，顶端凹入，基部具不明显的耳及宽爪，翼瓣较短，约与龙骨瓣等长，和龙骨瓣均弯曲，具向下的耳；雄蕊10枚，合生，对旗

刀　豆

瓣的1枚基部稍离生；子房线状，具短柄，有疏长硬毛，有胚珠多枚。

荚果线形，扁而略弯曲，长10～35厘米，宽3～6厘米，先端弯曲或钩状，边缘有隆脊，内含种子10～14粒，呈扁卵形或扁肾形，长2～3.5厘米，宽1～2厘米，厚0.5～1.2厘米。表面淡红色至红紫色，微皱缩，略有光泽。边缘具眉状黑色种脐，长约2厘米，上有白色细纹3条。质硬，难破碎。种皮革质，内表面棕绿色而光亮；子叶2，黄白色，油润。无臭，味淡，嚼之有豆腥味。

刀豆花

◆**地理分布**

1.原产于美洲热带地区，西印度群岛。

2.北京地区、长江流域及南方各省均有栽培，广东、海南、广西、四川、云南、湖南、江西、湖北、江苏、山东、浙江、安徽、陕西普遍栽培。

3.浙江松阳箬寮岘这一带的关山山脉有野生的刀豆，农村常用作伤药。

◆**营养功效**

1.药用价值

已发现刀豆子具有脂氧酶激活作用，其有效成分是刀豆毒素。刀

刀　豆

豆毒素每日腹腔注射50微克/千克、100微克/千克或200微克/千克给药，可引起雌性大鼠血浆内黄体生成素和卵泡刺激素（FS小时）水平突然升高，黄体酮水平无变化，催乳素则降低。200微克/千克组动情前期频率和体重增重明显增加，坦子宫和卵巢的重量并无变化。上述FS小时和L小时的增加同脂氧酶激活作用是吻合的，但催乳素水平降低的原因尚不明。

刀豆球蛋白A是一种植物血凝素，具有强力的促有丝分裂作用，有较好的促淋巴细胞转化反应的作用，其促淋巴细胞转化最适浓度为40～100微克/毫升，能沉淀肝糖原，凝集羊、马、狗、兔、猪、大鼠、小鼠、豚鼠等动物及人红细胞。还能选择性激活抑制性T细胞（Ts）细胞，对调节机体免疫反应具有重要作用。因此，通过使用Con A来活化病态（或老年）时的Ts细胞这一途径，可望改观一些自身免疫性疾病，甚或移植物排斥反应或恶性肿瘤的防治前景。

2.营养分析

刀豆含有尿毒酶、血细胞凝集素、刀豆氨酸等；近年来，又在嫩

荚中发现刀豆赤霉I和Ⅱ等，有治疗肝性昏迷和抗癌的作用。刀豆对人体镇静也有很好的作用，可以增强大脑皮质的抑制过程，使神志清晰，精力充沛。

◆**栽培品种**

刀豆有两个栽培种，但多为蔓生刀豆：

1. 蔓生刀豆

蔓生刀豆，别名大刀豆、刀鞘豆等。染色体数2n=2x=22，24。原产热带、亚洲和非洲。缠绕性草质藤本。茎嫩绿色，有白色短柔毛，后渐次脱落。叶互生，三出复叶，叶柄全长10～15厘米，基部

膨大；小叶通常阔卵形或菱形，长8～15厘米，先端渐尖，基部阔楔表，侧生小叶偏斜，基部圆形；小叶柄长约7毫米，被毛；小托叶披针形。总状花序腋生，有长的总花梗；花排裂较疏，通常2朵花基部有1披针形小苞片；花萼2唇形，卵形，均无毛；花冠蝶形，淡红色，长3～3.5厘米，旗瓣阔圆形，顶端凹入，基部有不明显的耳和阔爪，翼瓣和龙骨瓣均弯曲，有向下的耳；雄蕊10枚，连合为单体；子房条形，被毛。荚果大而长扁，略弯曲，长可达30厘米，边缘有凸起的隆脊。种子肾形，红色或褐色，种脐约为种子全长的3/4。

2. 矮生刀豆

矮生刀豆，别名洋刀豆。染色体数2n=2x=22。原产西印度、中美洲和加勒比海地区。1500年前中国已有栽培。种子肾形，白色。

3. 海刀豆

海刀豆，攀援藤本，茎无毛，长达30米。3出复叶、小叶倒卵形或宽椭圆形，顶生小叶基部楔形，侧生小叶基部偏斜，网脉明显。总状花序长达20厘米或更长；花1~3朵生于花序顶部，花冠粉红色。荚果长约10厘米，宽约2.5厘米，背缝具3条纵肋；种子椭圆形，略扁，种子褐色，具线形的种脐。花期夏、秋季，果期秋、冬季。豆荚和种子有毒。人中毒后头晕、呕

刀 豆

吐，严重者昏迷。豆荚和种子经水煮沸、清水漂洗可供食用，但常因加工不当而发生中毒[A-8]。

4. 尖萼刀豆

尖萼刀豆，产我国云南、广西及江西，印度至泰国也有分布。

5. 毛掌叶锦儿

毛掌叶锦儿，落叶灌木。

6. 狭刀豆

狭刀豆，产我国浙江、福建、台湾、广东、广西，日本朝鲜、菲律宾、越南至印度尼西亚也有分布。

7. 小刀豆

小刀豆，产我国广东、海南、台湾，热带亚洲广布，大洋洲及非洲的局部地区也有分布。

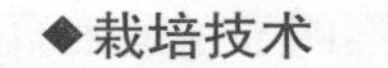

◆栽培技术

1.土壤要求

喜温暖，不耐寒霜。对土壤要求不严，但以排水良好而疏松的砂壤土栽培为好。

2.繁殖技术

用种子繁殖。于4月上旬清明前后播种，由于种皮坚硬，吸水慢，要先用水浸泡一昼夜后再播。按行距60厘米，窝距45厘米，深10厘

刀豆花

刀豆种子

刀豆花

米挖窝，每窝播种子3～4颗，施猪粪水后，盖火灰及细土约厚4厘米。不能使用人粪，因易烂种烂根。

3.田间管理

苗高5～6厘米时匀苗，补苗，每窝留壮苗2株，并进行中耕除草，追肥一次。在5月下旬，设支柱引藤上架，再除草、追肥一次，肥料都以猪粪水为主。

4.病虫害防治

虫害有斑蝥，咬食花果，可在早晨露水未干不能飞动时，带手套捕捉，用开水烫死，晒干供药用。

# 木　豆

木豆为多年生木本植物，又名鸽豆、柳豆、豆蓉、树豆、树黄豆，原产于印度，是印度、东非和加勒比地区的重要经济作物。

### ◆植物形态

木豆直立矮灌木，高1～3米，全体灰绿色。多分枝，小枝条弱，有纵沟纹，被灰色柔毛。三出复叶，互生；托叶小；叶柄长约2厘米，向上渐短；叶片卵状披针形，长5～10厘米，宽1～3.5厘米，先端锐尖，全缘，两面均被毛，下面具有不明显腺点。总状花序腋生，

木　豆

具梗；花蝶形；萼钟形，萼齿5，内外生短柔毛并有腺点；花冠红黄色，长约1.8厘米，旗瓣背面有紫褐色条纹，基部有丝状短爪，爪顶有一对弯钩状附属体；雄蕊10，二体；心皮1，花柱细长线形，基部有短柔毛，柱头渐尖，密被黄色短柔毛。荚果条形，长4～7厘米，两侧扁压，有长喙，果瓣于种子间具凹入的斜槽纹。种子3～6粒，近圆形，种皮暗红色，有时有褐色斑点，种脐侧生。花期2～11月，果期3～4月及9～10月。

木　豆

◆**人工栽培**

1.特征及特性

木豆植株高1~4米，树冠1~2米，多次分枝。叶互生，三出复叶。花瓣有黄色、红色、内黄外紫红3种颜色。豆粒有浅棕色、深褐色、浅灰色和红色。株型分直立紧凑型、松散型和半松散型。木豆生长迅速，生育期一般为160~200天，其营养生长期约3个月。按熟期可划分为：早熟品种（生育期160~180天）、中晚熟品种（生育期为180~200天）、晚熟品种（生育期为200天）。

木豆是短日照作物，光照愈短，愈能促进花芽分化，木豆喜温，最适宜生长温度为18℃~34℃，适宜种植在滇中及滇中以南海拔1600米以下地区，尤其以海拔1400米以下地区产量最高。

木豆花

品种，适宜在海拔1000~1600米地区种植。在这一海拔高度区域内，木豆营养生长充分，能提高产量；祥林3号为中晚熟品种，祥林4号、5号、7035为晚熟品种，适宜在海拔1000米以下地区种植。在这一海拔高度区域内光、热能满足其营养生长和生育生长的需要，可增加产量。

木豆耐干旱，年降水量600~1000毫米最适；木豆比较耐瘠，对土壤要求不严，各类土壤均可种植，适宜的土壤pH值为5.0~7.5。

2.选择种植品种

云南省目前引进的木豆新品种为：祥林1号、2号、3号、4号、5号和7035。选择木豆品种时，应以当地海拔高度为主要依据进行选择，适宜的海拔高度可使木豆营养生长期和生殖生长期适中，增加产量。祥林1号、2号为早熟

3.种植规格和播种量

木豆每亩种植规格和播种量要根据木豆品种、地形及种植方式来确定。一般情况下：在平地及缓坡种植，每亩播种量为100~150克，每亩种250~300株；在陡坡种植，每亩播种量为85~135克，每亩种200株。如果采取间套种，可与玉米、高粱等作物间种，一般每种3

行或4行玉米、高粱等作物可间种1行木豆。

4.育苗移栽技术要点

木豆育苗：可采用营养袋育苗和苗床育苗两种方法，一般以营养袋育苗效果最好。

（1）营养袋育苗基本步骤及要点

土壤消毒→土壤拌肥为木豆生长提供充分的养分→木豆浸种约13个小时→药剂拌种，主要用呋喃丹，防治地下害虫→播种每袋1粒→盖土，厚约1.5厘米→浇水→可喷1次甲基托布津预防病害→置于19℃~25℃左右的地方→投放鼠药防止老鼠偷食；

（2）苗床育苗基本步骤及要点

选择苗床，一般选择地面平整、土壤疏松、养料充足、水源方便的地块为苗床→苗床整理，主要是整地、施肥→木豆浸种约13个小时→药剂拌种（主要用呋喃丹）→播种→盖土，厚度约1.5厘米→浇上足够的水→投放鼠药、塑料薄膜围栏防治老鼠→1周后开始出芽→2周后开始出土并长出1对真叶→在苗长到30厘米高时喷洒1次甲基托布津预防病害。

木豆花

木　豆

（3）移栽基本步骤及要点

打塘（塘径长宽各20厘米、塘深40厘米，株距1~1.5米，行距1.6~2.5米）→施足基肥，塘土回填→取苗（苗床育的苗尽量带土移栽，尽可能保持根系完整，营养袋育的苗只须去掉营养袋即可带土移栽）→移栽（尽量让根系保持伸展）→浇足定根水→3~7天后木豆苗返青成活。

5.施肥技术要点

木豆施肥要根据木豆的品种、生育期及用途来确定，一般应施足基肥，基肥以磷肥和有机肥为主（一般每亩施磷肥20千克、土杂肥500~600千克）。

⑴从生育期看，苗期以氮肥为主，初花期以磷、钾肥为主。木豆作为豆科植物，自身具有固氮能力，除苗期需氮较多外（苗20~30厘米高时每亩追施10千克氮肥），其它时期需氮较少。追肥主要以磷、钾肥为主，一般在开花结荚前7~10天每亩需追施15~20千克磷、钾肥，以深施（表土下10~20厘米，施后盖土）效果最好。

⑵从品种和生产目的来看，如

果祥林1号、2号、3号、4号、5号是以种子生产为主的，则要以施磷、钾肥为主；而87119饲料型，以青枝叶为主，则应主施氮肥。具体施肥量根据各地土壤条件和生产水平而定，有条件的地方，最好在每次采摘后都进行修剪并追施少量复合肥或磷、钾肥。

6.病虫害防治

木豆病虫害一般发生较少，常见害虫有卷叶虫、荚部钻蛀性害虫（主要是豆象）。

⑴卷叶虫

主要以幼虫为害嫩叶和芽（吐丝捆在一起），妨碍枝条进一步生长。从苗期直到开花结荚期，虫在其中吃叶肉、花芽及嫩荚。防治方法一般是采用35%柴油死蜱1000~1500倍液喷雾或10%丁硫-哒螨酮1000~1500倍液喷雾。

⑵荚部钻蛀性害虫

主要有豆象、棉铃虫、扁豆蛀荚虫、蓝蝶、豇豆豆野螟、蛾、荚蝇、食荚蜂，其中以豆象为主。

木 豆

木　豆

豆象主要为害成熟豆荚和贮藏籽粒，受害的贮藏籽粒表面有圆洞口。一般在4周或更长时间完成一个世代。通常可使用敌杀死或毒死蜱喷雾或熏蒸，或用66%磷化铝片剂熏蒸。棉铃虫：主要为害蕾、花和荚，还可取食叶片，留下叶脉。虫钻入荚中，留下明显的洞口，为害严重时，荚内成熟种子全部被吃掉，只留下部分残留籽粒和虫粪。扁豆蛀荚虫：主要咬食叶片、蕾、花和豆荚。蓝蝶：咬食叶片、蕾、花和豆荚。豇豆豆野螟：通常该虫会吐丝将花、荚、嫩叶捆在一起，并在芒种到来时咬食。蛾：主要咬食蕾、花和荚，在花蕾和嫩荚上通常可见无粪便的洞。荚蝇（黑潜蝇）：黑潜蝇穿过嫩荚壳产卵，孵化出的幼虫在绿色籽粒中取食。该虫为害无明显外观症状，直至老熟虫咬食荚壳后留下一洞口，化蛹后从洞中化出成虫。受害籽粒无法食用。食荚蜂：主要在未成熟的籽粒和荚中取食。受害后的嫩荚不能正常生长发育,不结实、无籽粒。以上几种害虫一般用5.5%阿维-毒死蜱1000～1500倍液、虫螨特600～800倍液、20%阿维-杀单微1000～1500倍液等进行喷雾防治，均有较好效果。

根据害虫发生实际情况进行使用，通常连续防治两次效果最好，两次防治间隔5～7天。

# 第四章 薯类

薯类食品包括马铃薯、红薯、芋头等，也就是我们平时常能看到吃到的土豆、地瓜(山芋)、芋艿等。薯类食品有其内在的保健作用。美国农业部几年前推荐的十大健康食品之中，薯类位居榜首。

薯类的主要成分是淀粉。薯类含有一种特殊的淀粉，叫做抗性淀粉，属于食物纤维类。这种淀粉对消化酶有耐受性，食用后在胃内停留时间较长，在小肠内不消化吸收，只有在大肠内被双歧杆菌、乳酸杆菌和肠球菌等益生菌发酵降解，生成短链脂肪酸，作为结肠细胞的能量来源，有增强结肠运动的功能，可以防治便秘。正是这些，人吃薯类食品后饱腹感增强，不容易饥饿，且血糖升高缓慢，可以较长时间维持血糖。

此外，薯类富含的食物纤维能够在消化道里吸水膨胀，增强肠蠕动的同时可以增加粪便的体积，对于预防便秘特别有效。薯类食品脂肪含量并不高，只占0.1%，只要食用的量不太多，不超过能量需要，就不会转变成脂肪储存起来。另外，薯类食品维生素含量也很丰富。

薯类虽好，制作方法很重要。如不推荐吃油炸薯条、烤地瓜、土豆泥等等，如果烹调方法选择不当，维生素会大量损失，尤其油炸的加工方法，会导致脂肪增加，能量成倍的提高。

总之，薯类好，有营养，更有保健作用，但要选择正确的食用方法，选择合适的食用量。多食用薯类等含食物纤维高的食品，就会吃出健康，吃出美丽来。

# 薯类基本概述

薯是薯类植物的总称，主要指具有可供食用块根或地下茎的一类的陆生作物。有块根、块茎类，如番薯（红薯、甘薯）、木薯、马铃薯、薯蓣（山药）、板薯等。这类植物一般耐寒力较弱，多在无霜季节栽培，需要疏松、肥沃、深厚的土壤和多量钾肥。多行无性繁殖，只留薯块作种，并可以用藤本进行繁殖，如番薯、木薯等。食用部分多含大量淀粉和糖分，可作蔬菜、杂粮、饲料和作制淀粉、酒精等原料。

薯 类

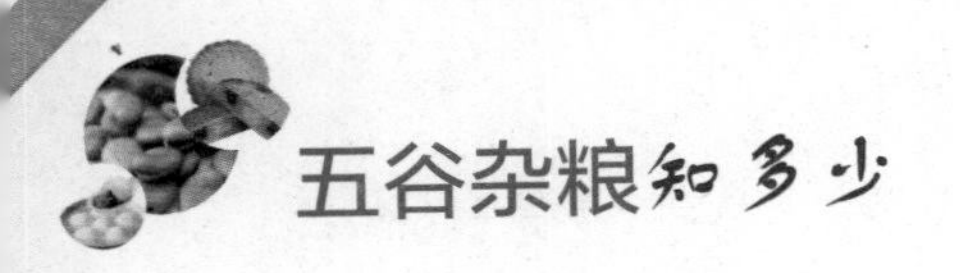


# 薯类品种介绍

薯类种类繁多，主要包括马铃薯、白薯、红薯、紫薯以及木薯等。

**◆马铃薯**

植物马铃薯是茄科茄属一年生草本。通称为土豆，个别地方称洋芋、馍馍蛋、地蛋等。马铃薯鲜薯可烧煮，作粮食或蔬菜。世界各国十分注意生产马铃薯的加工食品，如法式冻炸条、炸片、速溶全粉、淀粉以及花样繁多的糕点、蛋卷等，多达100余种。其块茎可供食用，是重要的粮食、蔬菜兼用作物。根据马铃薯的来源、性味和形态，人们给马铃薯取了许多有趣名字。例如我国山东鲁南地区（兖州、曲阜、邹城、枣庄、滕州等地）叫地蛋，云南、贵州一带称芋或洋芋，广西叫番鬼慈薯（其实广西大部还是叫马铃薯，有些地方把白皮的叫马铃薯、红皮的叫冬芋），山西叫山药蛋，安徽部分又叫地瓜，东北各省多称土豆。河北地区叫山药蛋、山药等。

马铃薯又称土豆、洋芋、洋山芋、山药蛋、馍馍蛋、薯仔(香港、广州人的惯称)等。虽然个别地区有叫土豆为“山药蛋”的，其实有真正叫山药蛋的东西。因此需要分清楚，不要误会。意大利人叫地豆，法国人叫地苹果，德国人叫地梨，美国人叫爱尔兰豆薯，俄国人叫荷兰薯。鉴于名字的混乱，植物学家才给它取了个世界通用的学名——马铃薯。

（1）马铃薯的历史及生产

野生马铃薯原产于南美洲安第斯山一带，被当地印第安人培育。16世纪时西班牙殖民者将其带到欧洲，1586年英国人在加勒比海击败西班牙人，从南美搜集烟草等植物种子，把马铃薯带到英国，英国的气候适合马铃薯的生长，比其他谷物产量高且易于管理，1650年马铃薯已经成为爱尔兰的主要粮食作物，并开始在欧洲普及。17世纪时，马铃薯已经成为欧洲的重要粮食作物。1719年由爱尔兰移民带回美国，开始在美国种植。

1840年欧洲爆发马铃薯晚疫病，完全依赖马铃薯的爱尔兰经济受影响最大，并遭受大饥荒，几乎有一百万人饿死，几百万移民逃往美洲。

17世纪时，马铃薯已经传播到

烤红薯

中国，由于马铃薯非常适合在原来粮食产量极低，只能生长莜麦的高寒地区生长，很快在内蒙、河北、山西、陕西北部普及，马铃薯和玉米、番薯等从美洲传入的高产作物成为贫苦阶层的主要食品，对维持中国人口的迅速增加起到了重要作用。

有的学者认为马铃薯共有7个栽培种，主要分布在南美洲的安第斯山脉及其附近沿海一带的温带和亚热带地区。最重要的马铃薯栽培种是四倍体种。四倍体栽培种马铃薯向世界各地传播，最初是于1570年从南美的哥伦比亚将短日照类型引入欧洲的西班牙，经人工选择，成为长日照类型；后又传播到亚洲、北美、非洲南部和澳大利亚等地。马铃薯传入我国只有三百多年的历史。据说是华侨从东南亚

马铃薯

一带引进的。主要在我国的东北、内蒙、华北和云贵等气候较凉的地区种植，现在我国马铃薯种植面积居世界第二位。马铃薯产量高，营养丰富，对环境的适应性较强，现已遍布世界各地，热带和亚热带国家甚至在冬季或凉爽季节也可栽培并获得较高产量。世界马铃薯主要生产国有前苏联、波兰、中国、美国。中国马铃薯的主产区是西南山区、西北、内蒙古和东北地区。其中以西南山区的播种面积最大，约占全国总面积的1/3。山东滕州是中国农业部命名的“中国马铃薯之乡”。

黑龙江省则是全国最大的马铃薯种植基地。洞口县位于雪峰山盆地，气候温和湿润，昼夜温差大，环境无污染，生态条件相当好，由于雨多、雾多、气温较低特别适宜马铃薯的发展，生产高产，优质、无毒的马铃薯。马铃薯个体均匀、病虫害少、淀粉含量高、味正、个大、皮薄、色鲜，马铃薯食品香甜可口。

（2）马铃薯的植物形态

普通栽培种马铃薯由块茎繁殖生长，形态因品种而异。株高约50～80厘米。茎分地上茎和地下茎两部分。块茎圆、卵圆或长圆形。薯皮的颜色为白、黄、粉红、红、紫色和黑色；薯肉为白、淡黄、黄色、黑色、紫色及黑紫色。由种子长成的植株形成细长的主根和分枝的侧根；而由块茎繁殖的植株则无主根，只形成须根系。初生叶为单叶，全缘。随植株的生长，逐渐形成羽状复叶。聚伞花序顶生，有白、淡蓝、紫和淡红等色的浆果。

（3）马铃薯的营养成分

马铃薯具有很高的营养价值和药用价值。一般新鲜薯中所含成分：淀粉9%～20%，蛋白质1.5%～2.3%，脂肪0.1%～1.1%，粗纤维0.6%～0.8%。100克马铃薯

木 薯

中所含的营养成分：热量66～113焦，钙11～60毫克，磷15～68毫克，铁0.4～4.8毫克，硫胺素0.03～0.07毫克，核黄素0.03～0.11毫克，尼克酸0.4～1.1毫克。除此以外，马铃薯块茎还含有禾谷类粮食所没有的胡萝卜素和抗坏血酸。从营养角度来看，它比大米、面粉具有更多的优点，能供给人体大量的热能，可称为“十全十美的食物”。

人只靠马铃薯和全脂牛奶就足以维持生命和健康。因为马铃薯的营养成分非常全面，营养结构也较合理，只是蛋白质、钙和维生素A的量稍低；而这正好用全脂牛奶来补充。马铃薯块茎水分多、脂肪少、单位体积的热量相当低，所含的维生素C是苹果的10倍，B族维生素是苹果的4倍，各种矿物质是苹果的几倍至几十倍不等，土豆是降血压食物。膳食中某种营养多了或缺了可致病，同样道理，调整膳食，也就可以“吃”掉相应疾病。

马铃薯含有大量碳水化合物，同时含有蛋白质、矿物质（磷、钙等）、维生素等。可以做主食，也可以作为蔬菜食用，或做辅助食品如薯条、薯片等，也用来制作淀粉、粉丝等，也可以酿造酒或作为牲畜的饲料。

马铃薯含有一些有毒的生物碱，主要是茄碱和毛壳霉碱，但一般经过170℃的高温烹调，有毒物质就会分解。野生的马铃薯毒性较高，茄碱中毒会导致头痛、腹泻、抽搐，昏迷，甚至会导致死亡。但一般栽培的马铃薯毒性很低，很少有马铃薯中毒事件发生。栽培马铃薯一般含生物碱低于0.2毫克/克，一般超过200毫克才会导致中毒现象，相当于一次吃掉1.4公斤生马铃薯。马铃薯储存时如果暴露在光线下，会变绿，同时有毒物质会增加；发芽马铃薯芽眼部分变紫也会使有毒物质积累，容易发生中毒事件，食用时要注意。

新膳食指南建议，每人每周应食薯类5次左右，每次摄入50~100克。每100克土豆(马铃薯)含钾高达300毫克，是20多种经常食用的蔬菜水果中含钾最多的。日本一个研究发现，每周吃5～6个土豆，可使中风几率下降40%。放开肚皮吃也不会胖。但很多人为了减肥，认为薯类含淀粉(糖)较多，视其为增肥食品，望而却步。其实这是误解。其中土豆、山芋等含水量高达70%以上，真正的淀粉含量不过20%左右。而且，土豆中仅含有0.1%的天然脂肪。这是其他可做主食的食物所望尘莫及的。马铃薯产能低，怎么还容易让人产生饱腹感呢？这是因为薯类食品富含柔软的膳食纤维。

知识小百科

## 烹调土豆小窍门

(1) 做土豆菜削皮时，只应该削掉薄薄的一层，因为土豆皮下面的汁液有丰富的蛋白质。去了皮的土豆如不马上烧煮，应浸在凉水里，以免发黑，但不能浸泡太久，以免使其中的营养成份流失。

(2) 土豆要用文火煮烧，才能均匀地熟烂，若急火煮烧，会使外层熟烂甚至开裂，里面却是生的。

(3) 存放久的土豆表面往往有蓝青色的斑点，配菜时不美观。如在煮土豆的水里放些醋(每千克土豆放一汤匙)，斑点就会消失。

(4) 粉质土豆一煮就烂，即使带皮煮也难保持完整。如果用于冷拌或做土豆丁，可以在煮土豆的水里加些腌菜的盐水或醋，土豆煮后就能保持完整。

(5) 去皮的土豆应存放在冷水中，再向水中加少许醋，可使土豆不变色。

(6) 把新土豆放入热水中浸泡一下，再入冷水中，则很容易削去外皮。可用来烹煮。

## ◆白 薯

白薯（甘薯）俗称地瓜。有红白两种，味美且甘，营养丰富，含大量糖、蛋白质、脂肪、维生素和矿物质。本品可作食粮，所含营养能增加身体抵抗力，增强血管壁弹力和骨骼牙齿健康，又含大量碳水化合物、钙和胡萝卜素，后两者则为一般米、面所不及，是一种产量高营养好的杂粮，本品的医疗价值正在被人们认识，因含纤维素较多，在肠内吸收大量水份，有通便作用，能预防结肠癌的发生。

（1）白薯的起源

白薯是墨西哥和南美洲北部之间某地的野生祖先的杂交品种，由印地安人人工种植成功。哥伦布发现美洲后回国时，从加勒比海带回

白　薯

白薯。不久，英国人从西班牙进口这种块根。16世纪，白薯由西班牙人把它们运送到关岛和菲律宾；由葡萄牙人将它们从美洲向东带到非洲、印度、东南亚和印尼。到明朝中叶，中国人已从菲律宾获得白薯，所以又称为番薯。

（2）白薯的功效

白薯中多种维生素和不饱和脂肪酸结合，有助于防止血液中胆固醇的形成，预防心脑血管疾病的发生。白薯能够提供大量的胶原和粘多糖物质，所以能保持动脉血管的弹性，防止动脉粥样硬化和高血压的发生。其次它包含的维生素A和维生素C的含量超过胡萝卜和某些水果。

白薯中的淀粉和纤维素，在肠内能吸附大量水分，增加粪便体积，预防便秘，起到了吃粗粮的功效，减少肠癌的发生。白薯属碱性食物，能中和酸性食物产生的过多的酸性物质，防止血液、体液酸化。白薯还能减少皮下脂肪，避免肥胖和预防胶原病的发生。白薯能够提供大量的胶原和粘多糖物质，保持动脉血管的弹性，防止动脉粥样硬化和高血压的发生。

过去有人认为地瓜吃了很甜，会容易发胖而不敢吃。恰恰相反，现代营养研究表明，白薯具有减肥功效，是健美轻身的良好食品。白薯属于低热量食品高容积食品，350～400克番薯产生的热量仅相当于100克大米产生的热量，白薯含水量远高于大米的含水量，因此具有减肥功效。当然，它毕竟产生一定的热量，不加控制的大吃也会导致肥胖。因此，食用时要将它代替部分主食，这样就可以发挥减肥的功效了。

## 红薯的贮藏管理

甘薯经过冬季的储藏，薯块内部会发生一系列变化主要表现出以下几个方面：

一是薯块内的营养物质一部分被转化或呼吸消耗；薯块内水分散失量累积增加，严重的出现糠心，失重明显；

二是带有黑斑病的薯块，会随着窖内温度升高，病斑会继续扩大繁殖蔓延加快腐烂；

三是因冬季窖温下降受到冷害的薯块，到一定时间后会使症状逐步显现表现出大量黑筋软腐等症状；

四是在高温高湿情况下会使薯块生芽。因此在窖藏管理上，要因窖因天制宜进行管理。

因此，正确贮藏红薯的方法如下：

（1）春季温度回升后，在无风晴暖天气中午，气温超过12℃时，短时间给薯窖通风换气，可减少窖内杂菌浓度，防止窖内湿度过大，引起薯块表皮损伤处发霉，影响商品外观质量。

（2）窖内温度经常保持11℃～13℃，相对湿度保持85%～90%。如果窖温超过15℃时，适当打开通风口放温。但应注意春季温度往往不很稳定，有些年份到4月份还会出现下雪低温天气。特别是对保温性能差的薯窖千万不可麻痹，一旦发现窖温下降，立即盖严通风口进行保温，必要时利用加温设施适当加温。

（3）窖内湿度小时，应在窖内坑内加水或用湿草帘铺走道，增加窖内空气湿度。一旦发现窖内商品红薯有病坏蔓延趋势时，立即出窖销售，以减少病烂损失。

（4）春季红薯育苗取用种薯结束后，准备延期保存的，应注意加强温湿度的管理是最高窖温不超过15℃，相对湿度控制在85%～90%。天气变热后，还要注意对窖内通风换气。对于长期密封过严和薯块大量腐烂的薯窖，进窖前要提前打开通风口进行换气，确认安全时才能进窖，以免造成管理人员缺氧窒息。

红　薯

## ◆紫　薯

紫薯又叫黑薯，薯肉呈紫色至深紫色。它除了具有普通红薯的营养成分外，还富含硒元素和花青素。花青素对100多种疾病有预防和治疗作用，被誉为继水、蛋白质、脂肪、碳水化合物、维生素、矿物质之后的第七大必需营养素。花青素是目前科学界发现的防治疾病、维护人类健康最直接、最有效、最安全的自由基清除剂，其清除自由基的能力是维生素C的20倍、维生素E的50倍。紫红薯将成为花青素的主要原料之一。紫薯除

紫　薯

紫　薯

了具有普通红薯的营养成分外，还含有多糖、黄酮类物质，并且还富含硒元素和花青素，具有预防高血压、减轻肝机能障碍等功能，还有很好的抗癌功能。紫薯在国际、国内市场上十分走俏，发展前景非常广阔。

（1）紫薯的品种

①山川紫

该品种从日本引进，色素含量高，比普通紫红薯的花青素含量高2倍以上，除食用外，还可用来提取色素。667平方米产量一般在1500公斤以上，薯形细长，整齐度差，主蔓茎长6～7米。用该薯的嫩茎叶（尖）做菜，口感比空心菜还好。

②美国黑薯

该品种由美国培育而成。口味细腻甜滑，香味浓郁。此薯萌芽性强，分枝多，粗壮，最长1米，不旺长，半直立。一般667平方米产量3000公斤，其营养丰富，赖氨酸和锰、钾、锌等微量元素，以及具有抗癌作用的碘、硒均高于美国黑红薯，色、香、味、形均佳属目前最为理想的健康食品。它还可用于提取色素。

③德国黑薯

2002年引进中国，中蔓，分枝多，薯块大小整齐，肉质细腻，香甜可口，抗病性较强，一般667平方米产量4000～5000公斤，单株结薯可达10公斤以上，最大单薯重5.7公斤。除食用外，还可提取色素，是紫红薯品种中最佳品种之一。

④中国地区孕育品种：

A.济薯18号

该品种为山东省农科院作物研究所育成，667平方米产量3000公斤以上。

B.广薯135

该品种为广东省农科院育成，667平方米产量为2000～2500公斤。

C.宁紫4号

该品种为江苏省农科院粮油作物研究所育成，667平方米产量为500公斤左右。以上3个品种还可鲜食，而且均具有抗旱、耐瘠薄、适应性强、产量较高、薯块均匀、薯皮光滑、色泽鲜艳和肉质细腻等特点，适宜广大红薯产区种植。

D.京薯6号

该品种由巴西红薯与中国红薯杂交而成，茎蔓长，薯皮薯肉均为紫色，甜度高，品质好，667平方米产量为1500～2000公斤，出干率高，主要用于深加工和色素的提取。

（2）紫薯的药用价值

紫薯中含有丰富的蛋白质，18种易被人体消化和吸收的氨基酸，维生素C、B、A等8种维生素和磷、铁等10多种天然矿物质元

素。其中铁和硒含量丰富。而硒和铁是人体抗疲劳、抗衰老、补血的必要元素，特别是硒被称为“抗癌大王”，易被人体吸收，可留在血清中，修补心肌，增强机体免疫力，清除体内自由基，抑制癌细胞中DNA的合成和癌细胞的分裂与生长，预防胃癌、肝癌等癌病的发生。

紫薯富含纤维素，可增加粪便体积，促进肠胃蠕动，清理肠腔内滞留的粘液、积气和腐败物，排出粪便中的有毒物质和致癌物质，保持大便畅通，改善消化道环境，防止胃肠道疾病的发生。

紫薯泥

紫薯含有大量药用价值高的花青素，法国科学家马斯魁勒博士发现花青素是天然强效自由基清除剂。花青素对100多种疾病有预防和治疗作用，被誉为继水、蛋白质、脂肪、碳水化合物、维生素、矿物质之后的第七大必需营养素。花青素是目前发现的防治疾病、维护人类健康最直接、最有效、最安全的自由基清除剂，其清除自由基的能力是维生素C的20倍、维生素E的50倍。花青素具有小分子结构，是唯一能透过血脑屏障清除自由基保护大脑细胞的物质，同时能减少抗生素给人体带来的危害。

紫薯美食

知识小百科

## 紫薯麦片银耳粥

原料：紫薯，银耳，麦片，大米。

辅料：梨汁冰糖　矿泉水。

做法：

1.银耳提前泡发一小时，淘洗干净，撕成碎片，放入高压锅中。

2.紫薯去皮洗净，切成1厘米见方的小丁，放入锅中。

3.大米和麦片淘洗干净，放入锅中。

4.倒入足量的矿泉水，加入一大块梨汁冰糖，盖好锅盖，扣上限压阀，大火烧至上汽后转小火压20分钟。

紫　薯

◆木 薯

木薯于19世纪20年代引入我国，首先在广东省高州一带栽培，随后引入海南岛，现已广泛分布于华南地区，以广西、广东和海南栽培最多，福建、云南、江西、四川和贵州等省的南部地区亦有引种试种。

（1）木薯的形态特性

木薯原产于美洲热带，全世界热带地区广为栽培。其块根可食，可磨木薯粉、做面包、提供木薯淀粉和浆洗用淀粉乃至酒精饮料。木薯可能为墨西哥犹加敦的玛雅人首先栽培。大多数品种含有能产生氰化物的糖类衍生物，原始民族会用摩擦、压榨及加热等复杂的工序去毒。木薯极易发生变异，所以本身可能就是一个杂交种。为多年生。叶片掌状分裂，裂片5枚或9枚，

木 薯

木薯叶

似蓖麻叶，但裂更深。块根肉质，似大丽花。品种多，有小的低矮草本、稍大的高1公尺的多分枝灌木及至5公尺高的小乔木。有些品种适应干燥碱性土壤，有些则适于河边的酸性泥滩。木薯属约160种，均为原产於热带美洲的喜阳光植物。巴西东北部的橡胶木薯可产塞阿拉橡胶。西非的糯糊糊及牙买加的巴米糊均由木薯做成。

木薯雌花着生于花序基部，浅黄色或带紫红色，柱头三裂，子房三室，绿色。雄花着生于花序上部，吊钟状，植后3～5个月开始开花，同序的花，雌花先开，雄花后开，相距7~10天。蒴果，矩圆形，种子褐色，根有细根、粗根和块根。块根中央有一白色线状纤维，性质坚韧，即使块根被折断仍可相连，犹如“藕断丝连”。块根肉质富含淀粉。木薯适应性强，耐旱耐瘠。在年平均温度18℃以上，无霜期8个月以上的地区，山地、平原均可种植；降雨量600～6000毫米，热带、亚热带海拔2000 米以下，土壤pH3.8～8.0的地方都能生长，最适于在年平均温度27℃左右，日平均温差6℃～7℃，年降雨量1000～2000 毫米且分布均匀，pH6.0～7.5，阳光充足，土层深厚，排水良好的土地生长。

（2）木薯的膳食营养

木薯是世界三大薯类之一，广泛栽培于热带和亚热带地区。在我国南亚热带地区，木薯是仅次于水稻、甘薯、甘蔗和玉米的第五大作物。它在作物布局，饲料生产，工业应用等方面具有重要作用，已成为广泛种植的主要的加工淀粉和饲料作物。木薯为大戟科植物木薯的

木　薯

木　薯

块根，木薯块根呈圆锥形、圆柱形或纺锤形，肉质，富含淀粉。木薯粉品质优良，可供食用，或工业上制作酒精、果糖、葡萄糖等。木薯的各部位均含氰苷，有毒，鲜薯的肉质部分须经水泡、干燥等去毒加工处理后才可食用。由于鲜薯易腐烂变质，一般在收获后尽快加工成淀粉、干片、干薯粒等。木薯主要有两种：苦木薯（门用作生产木薯粉）甜木薯（用方法类似马铃薯）加工后食用，为当地居民主要杂粮之一。

专家建议，首先应该把木薯剥皮并切成片，然后再通过烘烤或煮等方法烹制，经过这样加工后的木薯是可以放心食用的。而经过加工的其他木薯制品，如木薯淀粉、木薯条或木薯粉都几乎不会对人体造成危害，因为加工过程中有毒物质已被去掉。

甜品种其块根可直接熟煮食用，可制作罐头或保鲜供应市场，亦可制作糕点、饼干、粉丝、虾片等食品，其叶片还可作蔬菜食用。作畜禽、鱼类热能饲料，代替配合饲料中所有的谷类成份。用于制糖工业，制造葡萄糖、果糖等。发酵工业，制造酒精、饮用酒、各类有机酸、氨基酸、木薯蛋白等。

（3）木薯的产品用途

木　薯

木薯的主要用途是食用、饲用和工业上开发利用。块根淀粉是工业上主要的制淀粉原料之一。世界上木薯全部产量的65%用于人类食物，是热带湿地低收入农户的主要食用作物。作为生产饲料的原料，木薯粗粉、叶片是一种高能量的饲料成分。在发酵工业上，木薯淀粉或干片可制酒精、柠檬酸、谷氨酸、赖氨酸、木薯蛋白质、葡萄糖、果糖等，这些产品在食品、饮料、医药、纺织（染布）、造纸等方面均有重要用途。在中国主要用作饲料和提取淀粉。

木薯世界年贸易量约占总产量的10%，主产品有干片、颗粒和木薯淀粉。中国、日本、美国等国是世界木薯产品主要进口国，约占其贸易总量的70%～80%。泰国是世界最大的木薯产品出口国，其他主要出口国有印度尼西亚和越南等。

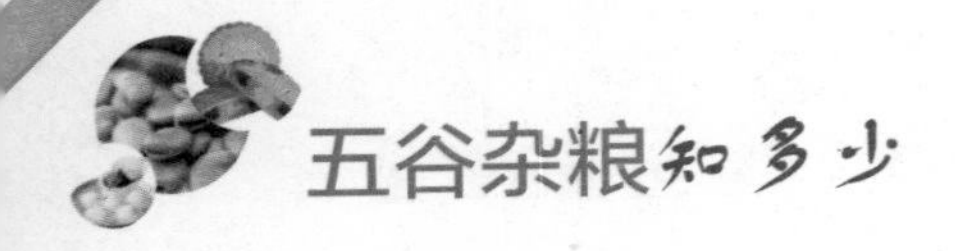


## 知识小百科

### 木薯块根毒性较大必须浸泡

尽管木薯的块根富含淀粉，但其全株各部位，包括根、茎、叶都含有毒物质，而且新鲜块根毒性较大。因此，在食用木薯块根时一定要注意。木薯含有的有毒物质为亚麻仁苦苷，如果摄入生的或未煮熟的木薯或喝其汤，都有可能引起中毒。其原因为亚麻仁苦苷或亚麻仁苦苷酶经胃酸水解后产生游离的氢氰酸，从而使人体中毒。

一个人如果食用150～300克生木薯即可引起中毒，甚至死亡。要防止木薯中毒，可在食用木薯前去皮，用清水浸薯肉，使氰苷溶解。一般泡6天左右就可去除70%的氰苷，再加热煮熟，即可食用。

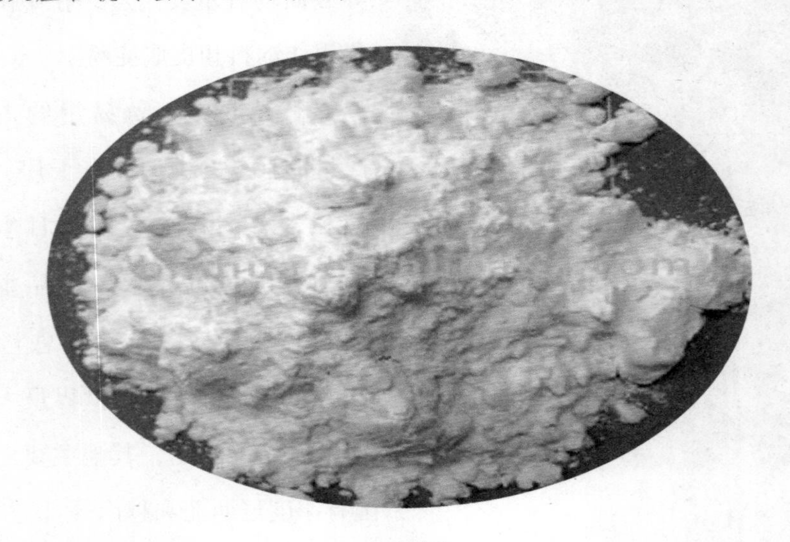

木薯粉

# 第五章

# 玉米

玉米是世界三大粮食作物之一，是世界上公认的黄金食品。原产于南美洲的秘鲁。早在七千多年前就有种植，是当地印第安人唯一的粮食作物，被视为“玉蜀黍女神”的赐物。1942年，哥伦布发现新大陆后，将玉米视为神品，称作“印第安种子”，传插世界各地。

玉米传入我国约在16世纪，当时外国人朝见中国皇帝，把玉米果穗作为贡品，国人视为“御麦”。因玉米成熟快，产量高，耐寒能力强，且极具营养价值，所以很快成为世界性的粮食作物。尤其近一个世纪，随着食品科技的发展，以及人们对健康与饮食认识化不断提高，对玉米营养方面的意义愈加重视。美国食品协会将玉米誉为“皇冠上的珍珠”；日本将玉米视为“国宝”；中国著名营养学家于若木直言；“玉米是长寿食品，完全具有当主食的资格”；世界卫生组织（WHO）也将玉米巧称为人类膳食结构的平衡大使。

# 玉米基本概述

玉米是禾本科草本植物玉蜀黍的种子，原产于中美洲，是主要的粮食作物，喜高温，十六世纪明朝时传入中国。玉米在中国的播种面积很大，分布也很广，是中国北方和西南山区及其它旱谷地区人民的主要粮食之一。1494年哥伦布把玉米带回西班牙后，逐渐传至世界各地。到了明朝末年，玉米的种植已达十余省，如吉林、浙江、福建、云南、广东、广西、贵州、四川、陕西、甘肃、山东、河南、河北、

安徽等地。山东省莱西市为玉米的重要产区之一，开鲁县的玉米质量非常高。

玉米是世界上分布最广泛的粮食作物之一，种植面积仅次于小麦和水稻而居第三位。种植范围从北纬58°（加拿大和俄罗斯）至南纬40°（南美）。世界上整年每个月都有玉米成熟。玉米是美国最重要的粮食作物，产量约占世界产量的一半，其中约2/5供外销。中国年产玉米占世界第二位，其次是巴西、墨西哥、阿根廷。

玉米味甘性平，具有健脾利湿、开胃益智、宁心活血的作用。玉米油中的亚油酸能防止胆固醇向血管壁沉淀，对防止高血压、冠心病有积极作用。此外，它还有利尿和降低血糖的功效，特别适合糖尿病患者食用。美国科学家还发现，吃玉米能刺激脑细胞，增强人的记忆力。玉米中所含的黄体素和玉米黄质可以预防老年人眼睛黄斑性病变的发生。玉米可在夏、秋季采收成熟果实，将种子脱粒后晒干用；亦可鲜用。

## 生活小百科

### 杂粮搭配食谱

（1）玉米面粥：将玉米面加水调成糊状，锅内水开后，倒入玉米糊。边倒边搅拌，待粥开后再多煮一会儿就成了。

（2）腊八粥：腊八粥是传统的粥，它的用料因地区与口味的不同而略有差异。目前的做法多添加珍珠米、薏仁、黑米，有的还放白果、百合、莲子、桂圆、绿豆、花豆等，再配以蜜饯食品。

# 玉米的特征形态

玉米是早熟禾本科玉蜀黍族一年生谷类植物，起源于北、中、南美洲。植株高大，茎强壮，挺直。叶窄而大，边缘波状，于茎的两侧互生。雄花花序穗状顶生。雌花花穗腋生，成熟后成谷穗，具粗大中轴，小穗成对纵列后发育成两排籽粒。谷穗外被多层变态叶，称作包皮。籽粒可食。二倍体玉米植株的体细胞中染色体数目为10对。所以

玉米的列数一般为偶数列。

玉米的根为须根系，除胚根外，还从茎节上长出节根：从地下节根长出的称为地下节根，一般4~7层；从地上茎节长出的节根又称支持根、气生根，一般2~3层。株高1~4.5米，秆呈圆筒形。全株一般有叶15~22片，叶身宽而长，叶缘常呈波浪形。花为单性，雌雄同株。雄花生于植株的顶端，为圆锥花序；雌花生于植株中部的叶腋内，为肉穗花序。雄穗开花一般比雌花吐丝早3~5天。

**白玉米渣**

玉米中含有多种抗癌因子，如谷胱甘肽、叶黄素和玉米黄质、微量元素硒和镁等。谷胱甘肽能用自身的“手铐”铐住致癌物质，使其失去活性并通过消化道排出体外，它又是一种强力的抗氧化剂，可以加速老化的自由基失去作用，是人体内最有效的抗癌物。

# 玉米的品种分类

### ◆按形态结构和颖壳分

玉米籽粒根据其形态、胚乳的结构以及颖壳的有无可分为九种类型：

（1）硬粒型

硬粒型也称燧石型，籽粒多为方圆形，顶部及四周胚乳都是角质，外表半透明有光泽、坚硬饱满。粒色多为黄色，是我国长期以来栽培较多的类型，主要作食粮用。

（2）马齿形

马齿形又叫马牙型，籽粒扁平呈长方形，顶部的中间下凹。籽粒

表皮皱纹粗糙，不透明，多为黄、白色，是世界上及我国栽培最多的一种类型，适宜制造淀粉、酒精、饲料。

（3）半马齿型

半马齿型也叫中间型，是由硬粒型和马齿型玉米杂交而来；籽粒顶端凹陷较马齿型浅，有的不凹陷仅呈白色斑点状。顶部的粉质胚乳较马齿型少但比硬粒型多，品质较马齿型好，在中国栽培较多。

（4）粉质型

粉质型又名软质型，籽粒乳白色，无光泽。只作为制取淀粉的原料；在中国很少栽培。

（5）甜质型

甜质型亦称甜玉米，含糖分多，含淀粉较低，成熟时呈半透明

状，多做蔬菜用。

（6）甜粉型

甜粉型籽粒上半部为角质胚乳，下半部为粉质胚乳。

（7）蜡质型

蜡质型又名糯质型，似糯米，粘柔适口。

（8）爆裂型

爆裂型籽粒较小，质地坚硬透明，多为白色或红色，适宜加工爆米花等膨化食品。

（9）有稃型

有稃型籽粒被较长的稃壳包裹，籽粒坚硬，难脱粒，是种原始类型，无栽培价值。

玉 米

◆**按颜色分**

（1）黄玉米

黄玉米种皮为黄色，包括略带红色的黄玉米。美国标准中规定黄玉米中其他颜色玉米含量不超过5.0%。

（2）白玉米

白玉米种皮为白色，包括略带淡黄色或粉红色的玉米。美国标准中将淡黄色表述为浅稻草色，并规定白玉米中其他颜色玉米含量不超过2.0%。

（3）黑玉米

黑玉米是玉米的一种特殊类

玉　米

型，其籽粒角质层不同程度地沉淀黑色素，外观乌黑发亮。

（4）糯玉米

富含粘性的玉米。

（5）杂玉米

以上三类玉米中混有本类以外的玉米超过5.0%的玉米，中国国家标准中定义为混入本类以外玉米超过5.0%的玉米。美国标准中表述为颜色既不能满足黄玉米的颜色要求，也不符合白玉米的颜色要求，并含有白顶黄玉米。

**◆按品质分**

（1）常规玉米

最普通最普遍种植的玉米。

（2）特用玉米

特用玉米指的是除常规玉米以外的各种类型玉米。传统的特用玉米有甜玉米、糯玉米和爆裂玉米，新近发展起来的特用玉米有优质蛋白玉米（高赖氨酸玉米）、高油玉米和高直链淀粉玉米等。由于特用玉米比普通玉米具有更高的技术含量和更大的经济价值，国外把它们称之为“高值玉米”。

（3）甜玉米

甜玉米通常分为普通甜玉米、加强甜玉米和超甜玉米。甜玉米对生产技术和采收期的要求比较严格，且货架寿命短。中国现在已经掌握了全套育种技术并积累了一些种质资源，国内育成的各种甜玉米类型基本能够满足市场需求。

（4）糯玉米

糯玉米的生产技术比甜玉米简单得多，与普通玉米相比几乎没有什么特殊要求，采收期比较灵活，货架寿命也比较长，不需要特殊的贮藏、加工条件。糯玉米除鲜食外，还是淀粉加工业的重要原料。

（5）高油玉米

高油玉米含油量较高，特别是其中亚油酸和油酸等不饱和脂肪酸的含量达到80%，具有降低血清中的胆固醇、软化血管的作用。此外，高油玉米比普通玉米蛋白质高10%～12%，赖氨酸高20%，维生素含量也较高，是粮、饲、油三兼顾的多功能玉米。

（6）优质蛋白玉米（高赖氨酸玉米）

优质蛋白玉米产量不低于普通玉米，而全籽优质蛋白玉米粒赖氨酸含量比普通玉米高80%～100%，在中国的一些地区，已经实现了高产优质的结合。

（7）紫玉米

紫玉米是一种非常珍稀的玉米品种，因颗粒形似珍珠，有“黑珍珠”之称。紫玉米的品质虽优良特异，但棒小，粒少，亩产只有50千克左右。

（8）其他特用玉米和品种改良玉米

包括高淀粉专用玉米、青贮玉米、食用玉米杂交品种等。

生活小百科

## 玉米的作用

玉米是粗粮中的保健佳品，玉米粉可制作窝头、丝糕。用玉米制出的碎米叫玉米渣，可用于煮粥、焖饭。尚未成熟的极嫩的玉米称为“玉米笋”，可制作菜肴。玉米味甘性平，含蛋白质、脂肪、淀粉、钙、磷、铁、维生素，烟酸、泛酸、胡萝卜素、槲皮素等成分。而玉米油富含多个不饱和键脂肪酸，是一种胆固醇吸收的抑制剂，对降低血浆胆固醇和预防冠心病有一定作用。玉米的纤维素含量高，可防治便秘、肠炎、肠癌等；含有的维生素E有促进细胞分裂、延缓衰老、降低血清胆固醇、防止皮肤病变的功能；含有的黄体素可以对抗眼睛老化；多吃玉米能抑制抗癌药物对人体的副作用；含有的谷氨酸有健脑作用，能增强人的脑力和记忆力。

但玉米营养价值低，蛋白质含量低，缺乏菸草酸，若以玉米为主要食物则易患糙皮病。在拉丁美洲，玉米广泛用作不发酵的玉米饼。美国各地均食用玉米，做成煮（或烤）玉米棒子、奶油玉米片、玉米布丁、玉米糊、玉米粥、玉米肉饼、爆玉米花等食品。玉米是工业酒精和烧酒的主要原料。玉米秆可用于造纸、制墙板，包皮可作填充材料和草艺编织，玉米穗轴可作燃料，制工业溶剂，茎叶除用作牲畜饲料外，还是沼气池很好的原料。

玉米具有调中开胃，益肺宁心，清湿热，利肝胆，延缓衰老，治疗脾胃不健、食欲不振、饮食减少、小便不利或水肿、高血脂症、冠心病

玉　米

等功能。适宜脾胃气虚、气血不足、营养不良、动脉硬化、高血压、高脂血症、冠心病、心血管疾病、肥胖症、脂肪肝、癌症患者、记忆力减退、习惯性便秘、慢性肾炎水肿以及中老年人食用。玉米熟吃更佳，烹调会使玉米损失部分维生素C，但能获得更有营养价值的抗氧化剂活性。最后，玉米忌和田螺同食，否则会中毒；同时不能与牡蛎同食，否则会阻碍锌的吸收；不宜食用过多。

玉米油中的亚油酸能防止胆固醇向血管壁沉淀，对防止高血压、冠心病有积极作用。此外，它还有利尿和降低血糖的功效，特别适合糖尿病患者食用。美国科学家还发现，吃玉米能刺激脑细胞，增强人的记忆力。玉米中所含的黄体素和玉米黄质可以预防老年人眼睛黄斑性病变的发生。

# 玉米的种植技术

玉米喜温，种子发芽的最适温度为25℃～30℃。拔节期日均18℃以上。从抽穗到开花日均26℃～27℃。灌浆和成熟需保持在20℃～24℃；低于16℃或高于25℃，淀粉酶活动受影响，导致子粒灌浆不良。

玉米为短日照作物，日照时数在12小时内，成熟提早。长日照则开花延迟，甚至不能结穗。玉米在砂壤、壤土、粘土上均可生长。玉米适宜的土壤pH为5～8，以pH6.5～7.0最适。耐盐碱能力差，特别是氯离子对玉米为害大。

玉米美食

玉米是高产作物，需肥量较大，必须合理施肥才能满足玉米在整个生育期对养分的需要，喷施新高脂膜大大提高养肥的有效成分率。据试验，生产100千克玉米籽实，需氮2.5千克，需磷1千克，需钾2.1千克。若亩产500千克玉米，亩需尿素33千克左右，或硝铵50千克，过磷酸钙31千克，硫酸钾13千克。

玉米生长的三个阶段，需肥数量比例不同，苗期占需肥总量的2%，穗期占85%，粒期占13%。玉米从拔节到大嗽叭口期，是需肥的高峰期，施肥时做到合理施肥，即底肥、种肥、追肥结合；氮肥、磷肥、钾肥结合；农肥、化肥、生物菌肥结合，并配合喷洒壮穗灵增加玉米千粒重。底肥要施足，这是基础，一般亩施腐熟的有机肥2000

玉　米

千克，五氧化二磷7.5千克，钾肥5.5千克做底肥。在底肥、种肥施入水平不高，地力条件较差，种植晚熟品种的地块，可在玉米6~7叶期，进行追肥，亩追尿素15千克左右，深追15厘米以上，提高化肥利用率；底肥、种肥施入水平高的地块，亩追尿素10千克左右。

玉米追肥要及早进行，方法一是前边追肥，后边趟地，追肥和趟地要结合；二是用镐刨坑，深追15厘米以上；追肥时，要化肥和生物肥相结合，促进根系良好发育，一般情况下，亩追尿素10~15千克，加生物菌肥1千克，能促进玉米提早成熟。

在抽穗期灌浆期，亩用0.25千克磷酸二氢钾和0.5千克尿素，兑水50千克，进行叶面喷施，可防秃尖、缺粒，增加产量，提高质量。有机食品玉米，不能用化肥最好用发酵好的有机肥，做底肥，追肥用饼肥，肥效平稳而持久，效果好于化肥，而且后劲长，但追肥时，饼肥与作物幼苗保持适当距离，以免饼肥发酵时产生的热量灼烧幼苗。

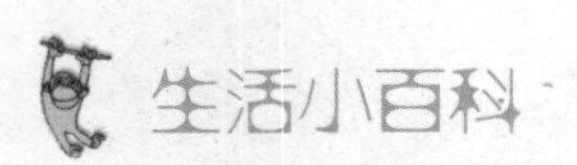


## 五谷杂粮的养生吃法

（1）薏米煲汤最滋补

薏米像米更像仁，所以也有很多地方叫它薏仁。现在更多的人喜欢吃薏米，因为薏米独特的生活环境让它公害更少，它喜欢生长在阴湿的地带，很多地方薏米都种在山里或者小河边。颗实饱满的薏米清新黏糯，很多人都喜欢吃，但是很少有人知道薏米还有很多功效。

中医上说，薏米能强筋骨、健脾胃、消水肿、去风湿、清肺热等作用。薏米对女性来说是非常好的滋补品，大量的维生素B1能够让皮肤光滑美白，还能起到抗子宫癌的作用。

（2）长身体吃荞麦面条

荞麦面是一种灰黑的面粉，但是别看它其貌不扬，营养价值却很高。荞麦面有着各种各样的食用方法，不过人们最为习惯的还是用它做面条。

最适合食用荞麦的就是老年人和小孩子，偶尔吃一吃荞麦面条，老年人可以用来减血脂、降血压。小孩子在成长期间更是少不了荞麦，荞麦面条虽然好吃，但是并不适合早餐和晚餐，容易让胃部受损，或者不容易消化，每次不应食用过多，适量原则最好。

（3）糯米最适合做醪糟

糯米可以用来煮粥，也可以用来做汤圆，但是最健康也最神奇的做法还是把它做成醪糟酒酿。糯米可以帮助消化，也有安神的作用，能够缓解疲劳和头昏眼花的症状，糯米的这些效果在做成醪糟酒酿以后更加突出，而且食用起来也更方便，不太受使用量的限制。此外，薏米健脾利湿，莲子和山药补脾益肾，茯苓补气，各种原料相配，补虚强身。做成的醪糟酒酿实在是最营养健康的搭配。

（4）燕麦八宝饭好瘦身

燕麦通常被人们用来泡在牛奶中食用，其实偶尔用燕麦做一做八宝饭，更能起到美容养颜、延缓衰老的作用，燕麦中含有多种酶，不但能抑制老年斑的形成，而且能延缓人体细胞的衰老，是中老年心脑血管疾病患者的最佳保健食品。

## 玉米的病虫害与防治

影响玉米生长的病虫害防治有30多种，主要有玉米小斑病、玉米大斑病、玉米圆斑病、玉米螟、玉米灯蛾、玉米病毒病、玉米黑穗病、玉米黑粉病、玉米茎腐病、玉米锈病、玉米炭疽病、玉米霉斑病、玉米矮花叶病、玉米普通花叶病、玉米条纹矮缩病、丝黑穗病、青枯病，病毒病和茎腐病等，可以通过选用抗病品种和加强管理预防。虫害有玉米螟、地老虎、蝼蛄、红蜘蛛、高粱条螟和粘虫等。

## 粗粮细吃提高营养

玉米的吃法很多，如嫩玉米上市时，每天啃一个“煮棒子”最为理想；在夏天，可用大米（或小米）、玉米面熬粥喝；其他季节只用玉米面熬粥即可。熬玉米粥时，加一小匙纯碱或小苏打，可将结合型维生素分离出来，利于人体吸收。玉米面加大豆粉，按3：1的比例混合食用，这是世界卫生组织推荐的一种粗粮细吃、提高营养价值的方法。

玉米，这种廉价的粗粮，在我国和西方曾一度在餐桌上被排除，而目前，在许多欧美国家，却又备受青睐，并已成为一种热门的保健食品。这是因为，近年来，科学家们发现了玉米的新价值，发现它对现代文明病的高血压、动脉硬化、冠心病、癌症等均有良好的防治作用。医学家们的最新研究表明，玉米具有抗癌作用。玉米中有丰富的谷胱甘肽，谷胱甘肽是一种抗癌因子，这种抗癌因子在体内能与多种外来的化学致癌物质结合，使其失去毒性，然后通过消化道排出体外。粗磨的玉米中还含有大量的赖氨酸，这种氨基酸不但能抑制抗癌药物对身体产生的毒副作用，还能控制肿瘤生长。

玉米中还含有微量元素硒和镁。硒能加速体内过氧化物的分解，使恶性肿瘤得不到氧分子的供应，从而被抑制；镁也有抑制肿瘤生长的作用。此外，玉米中还含有较多的纤维素，它能促进胃肠蠕动，缩短食物残渣在肠内的停留时间，并可把有害物质排出体外，从而防治直肠癌。

◆**玉米穗腐病**

玉米穗腐病又称赤霉病、果穗干腐病，在全国各玉米主产区均有发生，其病原早在20世纪70—80年代已搞清，但对其危害损失、发病规律及防治技术未见详细报道。甘肃省1958年普查，正宁县、宁县、合水县、西和县、礼县、康县发病率达5%～8%。庄浪县1980年以前种植金皇后，英粒子等品种时均发病较重，以后随着中单2号抗病品种的大面积推广，该病得到控制，但近年因引进种植沈单10、沈单16、酒试20、富农998等"青秆成熟"的粮饲兼用玉米品种，穗腐病发生有加重趋势，给制种企业种植业及养殖业造成严重损失。

玉米穗腐病在庄浪县的发生面积随感病品种种植面积和年份而变化，2003年发病面积3500公顷，病穗率46%；2004年发病面积3000 公顷，病穗率26.5%；2005年发病面积4500 公顷，病穗率44.3%；2006年发病面积5300 公顷，病穗率23.9%。

玉米穗腐病在田间自幼苗至成熟期都可发生，最典型的症状为种子霉烂、弱苗、茎腐、穗腐，其中以穗腐的经济损失最为严重。

种子霉烂与弱苗：病菌污染粘附在种子表面，经播种后，受害重者不能发芽而霉烂，造成缺苗断垄；轻者出苗后生长细弱缓慢，形成弱苗。

穗腐：大田再侵染发病初期果穗花丝黑褐色，水浸状，穗轴顶端及籽粒变成黄褐色，粉红色或黑褐色，并扩展到果穗的1/3～1/2处，当多雨或湿度大时可扩展到全部果穗。患病的籽粒表面生有灰白色或淡红色霉层，白絮状或绒状，果穗松软，穗轴黑褐色，髓部浅黄色或粉红色，折断露出维管束组织。

病原菌：通过对庄浪县采集到的玉米病果穗不同部位镜检，并按真菌的分离和培养方法进行病原菌分离镜检，发现属典型的镰刀菌分生孢子，对照有关文献资料比较鉴定，属半知菌类、瘤座孢科、镰刀菌属、小麦赤霉病菌，有性阶段属子囊菌纲、肉座菌目、赤霉属的小麦赤霉病菌，为兼性寄生菌，寄主范围广，为害小麦、玉米等多种禾本科植物，引起苗枯，茎腐，基腐和穗腐。

发病规律：病源菌从玉米苗期至种子贮藏期均可侵入与为害，而霉烂损失在果穗收获风干过程中。病菌以菌丝体、分生孢子或子囊孢子附着在种子、玉米根茬、茎秆、穗轴等植物病残体上腐生越冬，翌年在多雨潮湿的条件下，子囊孢子成熟飞散，落在玉米花丝上兼性寄生，然后经花丝侵入穗轴及籽粒引

玉米黑穗病

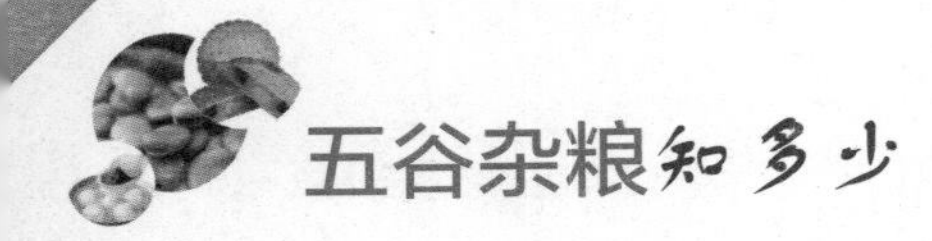

玉米穗腐病

起穗腐。穗腐的发病程度受品种、气候、玉米螟为害、农艺活动、果穗（原粮、种子）贮藏条件等多种因素影响。

玉米品种间抗病性差异大：庄浪县大面积种植的中单2号、酒单4号、酒单2号抗病性较强，病穗率在0%～3%，而沈单10、沈单16不抗病，病穗率高达31.2%～46%，自交系478及其杂交种掖单12和掖单13等高度感病，病穗率达50%左右。据观察易感病品种“青秆成熟”，果穗花丝多，苞叶长而厚，籽粒排列紧密，穗轴含水量高，水分散失慢；而抗病品种果穗花丝少，苞叶薄，顶部籽粒外露，在收获前已成熟下垂，雨水不易淋入。另外，第2、3果穗发病率明显高于第1果穗，病害级数高，损失程度亦大。

9—10月份降雨量及阴雨天数是发病的关键：玉米收获期及收获后由于秋雨连绵，造成农户对果穗不能及时收获和剥皮晾晒，给病菌的发生发展提供了良好的湿度条件，1999—2005年9—10月沈单10发病程度（y）与降雨量（x）的关系经回归统计分析y=-0.751+0.311x，相关系数r=0.908>P0.01=0.874，说明x与y之间存在着极显著的相关性。

温度条件适合病菌的生长发育：据资料介绍，小麦赤霉病菌生长发育温度4℃～32℃，空气相对湿度80%～100%时发育最好；分生孢子在湿度条件适宜时，8℃左右即可产生，以25℃时产生速度最快，温度低于4℃，发芽速度极慢，至少需要1天以上；形成子囊孢子的最低温度9℃～10℃，子囊孢子萌发的温度范围4℃～35℃，以25℃～30℃为最适宜温度。而庄浪县9℃下～10℃上是玉米成熟到果穗晾晒期，该段时间历年逐旬平均气温12.6℃～6.5℃，能够满足病菌生长发育。如果果穗堆积在一起，呼吸过程中产生的热量更有利于病

玉米穗腐病

菌再侵染，扩大病害程度。

玉米螟为害严重的地块发病：在调查中发现，凡被玉米螟为害的果穗或茎秆，穗腐与茎腐同时发生，经济损失重。这是因为玉米螟钻蛀所排粪便污染了茎秆与穗轴，给病菌的滋生提供了有利场所。

发病程度与种植方式和播期有关：根据调查，地膜覆盖种植的沈单16第1果穗发病率18.5%，第2果穗发病率31.3%，分别比露地发病率低16.1和19.2个百分点；“谷雨”前播种并1次全苗的沈单10发病率21.7%，比“立夏”后补苗的发病率低21.6个百分点。总结其发病率低的原因是地膜覆盖和适期早

玉米穗腐病

播，能提早玉米的成熟期，使易感病品种的穗轴和籽粒含水量较低的缘故。

（1）玉米穗腐病的危害性

玉米受病籽粒黑褐色或红褐色，百粒重降低1/2以上，品质变坏。人畜食用后会引起中毒反应。如果原粮内混入20%有病籽粒时，人食用时口感涩苦、味酸臭，过量食用会出现四肢无力、发热、恶心、呕吐、腹涨、腹痛、头晕等症状；马、骡、驴、猪等家畜饲用时出现腹泻、拒食，生长速度减慢等现象；羊、鸡饲用后食量减退，并出现母鸡产蛋率下降等现象；原粮中带有病粒，商品价值降低0.2～0.4元/千克，种子中带有病粒，播种量增加1倍。

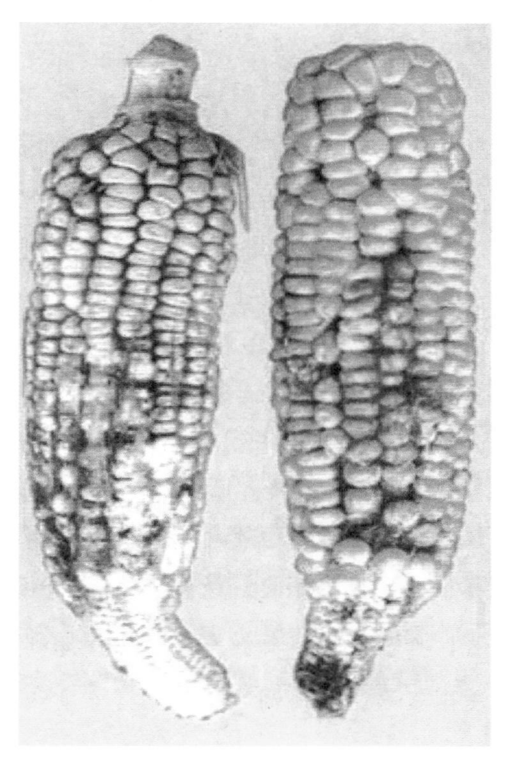

玉米穗腐病

（2）损失程度

为了测定穗腐病造成的经济损失，将沈单10按果穗大小，病害程度分类，把有病果穗分成5级，测定各级果穗长度，无病果穗粒重（w），有病果穗中健康粒重（y），各级损失情况以公式损失率（%）=[(w-y)/w]×100计算。测算结果表明，果穗受害后0、1、2、3、4级的损失率分别为0、18.4%、27.3%、45.0%、68.2%。

生活小百科

## 玉米的品质判断与注意事项

（1）玉米与其他谷物一样，品质随储存期、储存条件而逐渐变劣，储存中品质的降低大抵可分三种，即玉米本身成分的变化，霉菌、虫、鼠污染产生的霉素及动物利用性的降低。

（2）来源、季节与品质：美国玉米种植面积广，完全采用机械收割、机械运输与机械干燥，加的凹玉米易碎，故王米粒不易保持完整，粉碎较高，霉菌污染机会亦大。泰国玉米受地理环境影响，高温多湿，加上储存设备不良，故褐变多，黄曲霉毒素高。南美、南非玉米一般而言，外观纯净，籽粒完整；我国东北产玉米目前亦开始外销，水分低于美国玉米，品质尚可，但常混杂有大量麻袋碎片等杂物，同一产地不同季节下亦有不同品质，以美国玉米为例，1～2月上市者水分较高，7～9月则较低，粗蛋白质含量亦随之相对变化，冬低秋高。

（3）受霉菌污染或酸败的玉米均会降低禽畜食欲及营养价值，若已产生毒素，则有中毒之虑。

（4）判断玉米耐贮与否的几个因素：

水分含量：温差会造成水分的移动，高水分的玉米即成发霉的源。

已变质程度:发霉的第一个征兆就是着轴变黑，然后胚变色，最后整粒玉米成烧焦状。变质程度高者应速决定即用或抛弃，莫再储存。

破碎性:玉米一经破碎即失去天然保护作用。其他的如虫蛀、发芽、掺杂的程度等。

**◆防治措施**

玉米穗腐病的初侵染来源广，湿度是关键，因此在防治策略上，必须以农业措施为基础，充分利用抗（耐）病品种，改善贮存条件，农药灌心与喷施保护相结合的综合防治措施。

（1）选用抗病亲本（制种）或品种

建议科研单位、制种企业选用对穗腐病具有优良抗性的亲本及组合，建立无病制种基地，培育健康种子。同时县市种子公司、农技中心在玉米新品种引进试验中，应把对该病的抗性列为鉴选重点，对抗性差的品种不予引种；目前庄浪县应在推广抗病品种中单2号、酒单2号、酒单4号的基础上，积极引进高产、抗病的新品种。

（2）地膜覆盖，适期早播

采用地膜全覆盖或半覆盖、适期早播可使玉米提早成熟，降低感病品种的穗轴和籽粒含水量，能有

玉米穗腐病

玉米穗腐病

效减轻收获和贮存期的病菌感染。

（3）及时剥掉苞叶，防雨淋湿受潮

玉米收获期多秋雨，收获后的果穗不要堆集过厚，应及早剥去苞叶，打结成串挂在通风向阳处晾晒，对不能打结成串的果穗应摊薄晾晒，并经常翻动，防止受热而发病，如有降雨及时遮挡，防止雨淋。折断病果穗霉烂顶端，防止穗腐病再新扩展。在剥苞叶过程中，对发现有病的果穗，应在发病与健康交接部位折去霉烂的顶端，防止病害进一步扩展，增加损失。据试验观察：果穗受雨淋不剥苞叶堆积3天，果穗顶端霉烂长度由3厘米扩展到7厘米；剥掉苞叶如不清除病果穗顶端霉烂部分，在脱粒前期，穗腐病还会由5厘米扩展到15厘米；对果穗霉烂部分清除不彻底，脱粒前期，穗腐病还会扩展2～5厘米；而清除彻底干净，穗腐病就不在发展。

（4）早脱粒，防霉变

收获后将病果穗挑检出，尽早脱粒，并在日光下晾晒或在土坑上烘干，以防籽粒进一步受病菌感染霉烂。处理玉米秸秆，压低初侵染源。玉米秸秆、穗轴、根茬大量累积是镰刀菌、玉米螟越冬的有利场所。所以，必须对玉米秸秆、穗轴、根茬及时采取喂（饲喂家畜）、氨化（氨化饲草）、粉（粉碎喂猪）、沤（沤制肥料或作为沼气填充料）、烧（烧坑做饭）的办法彻底处理，减轻病虫初侵染源。

（5）种子精选包衣

生产经营单位，在供种前要对种子进行精选，剔除秕小病籽，用20%福克种衣剂包衣，每100千

克种子用药量444.4～800克，或用30%福克种衣剂包衣，每100千克种子用药量214～300克。

（6）化学药剂防治

在玉米喇叭口期，用直径2毫米左右水洗河沙5千克与20%氰戊菊酯8～10毫升，50%多菌灵WP50克均匀搅拌制成的颗粒剂，每公顷用量60～75千克灌入玉米心叶正中心和组成心叶丛的4~5片叶间隙，避免在结露和卷叶时施药，据试验，灌心不仅对玉米螟防治效果达100%，而且对玉米穗腐病、粘虫、蚜虫防治效果达90%以上。

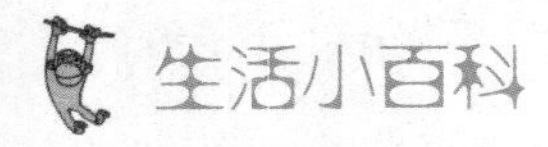


## 五谷杂粮的养生意义

如果你是一个聪明的养生者，就应该懂得如何搭配食物、均衡营养。早在《黄帝内经》中就提出了“五谷为养，五果为助，五畜为益，五菜为充，气味合而服之，以补精益气”的饮食调养的原则，同时也说明了五谷杂粮在饮食中的主导地位。

营养学认为，最好的饮食其实是平衡膳食。平衡膳食的第一原则就要求食物要尽量多样化。一个是类的多样化，就是要尽量吃粮食、肉类、豆类、奶类、蛋类、蔬菜、水果、油脂类等各类食物；另一个是种的多样化，就是在每一类中要尽量吃各种食物，比如肉类要吃猪肉、牛肉、羊肉、鸡肉、鱼肉、兔肉、鸭肉等等。

粮食也如此，只吃精米、白面是不符和平衡膳食原则的，还要吃粗杂粮，如小米、玉米、荞麦、高粱、燕麦等。对此中医古籍《黄帝内经》已有认识，“五谷为养，五果为助，五畜为益，五菜为充”。

在五谷里面，通常认为稻米、小麦属细粮；粗杂粮是指除稻米、小麦以外的其他粮食，即前面提到的玉米、荞麦、燕麦、小米、高粱、薯类等。粗杂粮的某些微量元素，例如铁、镁、锌、硒的含量要比细粮多一些。这几种微量元素对人体健康的价值是相当大的。粗杂粮中的钾、钙、维生素E、叶酸、生物类黄酮的含量也比细粮丰富。

粗杂粮有利于糖尿病用粗杂粮代替部分细粮有助于糖尿病患者控制血糖。近年的研究表明，进食粗杂粮及杂豆类后的餐后血糖变化一般小于小麦和普通稻米，利于糖尿病病人血糖控制。

目前，国外一些糖尿病膳食指导组织已建议糖尿病病人尽量选择食用粗杂粮及杂豆类，可将它们作为主食或主食的一部分食用。但是这些粗杂粮和杂豆类维持餐后血糖反应的能力也是不同的。如燕麦、荞麦、大麦、红米、黑米、赤小豆、扁豆等可明显缓解糖尿病病人餐后高血糖状态，减少24小时内血糖波动，降低空腹血糖，减少胰岛素分泌，利于糖尿病病人的血糖控制。

# 玉米的价值

◆**玉米的利用价值**

（1）玉米利用概述

就玉米利用而言，大体经历了作为人类口粮、牲畜饲料和工业生产原料的三个阶段口粮消费占玉米总消费的比重大约在5%左右，但是随着时代的发展，这个比例有逐步降低的趋势。玉米是三大粮食品种之一，为解决人类的温饱问题起到很大作用。时至今日，玉

玉米种植

玉　米

米仍然是全世界各国人民餐桌上不可或缺的食品：在“玉米的故乡”墨西哥，“国菜”玉米饼的年消耗量达到1200万吨之多，人们无论贫富贵贱都非常喜欢食用；在发达国家和地区，玉米也被作为补充人体所必需的铁、镁等矿物质的来源为人们广泛食用；在某些贫困国家和地区，玉米依然是人们廉价的裹腹之物。饲料消费是玉米最重要的消费渠道，约占消费总量的70%左右。该项消费可以看作是生活水平和人口数量随时间变化的一个函数：在人们生活水平提高初期，恩格尔系数较高，人们对肉、蛋、禽、奶的强劲需求拉动了畜牧业和饲料业的大发展，导致饲用玉米需求大幅度增加，成为玉米增产的主要动力；在生活达到一定水平后，恩格尔系数下降，对肉、蛋、禽、奶等的需求将保持平稳，此时饲用玉米消费将仅与人口数量成正比。

作为工业原料使用也是玉米消费的主要渠道。玉米不仅是“饲料之王”，而且还是粮食作物中用途最广，可开发产品最多，用量最大

玉　米

的工业原料。以玉米为原料生产淀粉，可得到化学成份最佳，成本最低的产品，附加值超过玉米原值几十倍，广泛用于造纸、食品、纺织、医药等行业。以玉米淀粉为原料生产的酒精是一种清洁的“绿色”燃料，有可能在21世纪取代传统燃料而被广泛使用。

库存亦是玉米需求的一种形式。处于粮食安全的考虑，各国总要储备一些粮食。世界玉米库存量一般占消费量比重的20%左右。近年来中国玉米库存约600～700万吨。

（2）世界玉米利用现状

玉米利用总的情况是在工业发达国家用作饲料的比例大，而在发展中国家用作口粮的比例大。随着全世界畜牧业的大发展，饲料工业得以迅速发展，全世界饲料用玉米需求呈现增长趋势。在发展中国家表现为工业饲料消耗玉米增加，同时采用传统方式喂饲畜禽的饲料玉米消耗亦在增加。在发达国家和地区表现为大量的玉米原粮被加工为工业饲料。

从全世界耗用玉米趋势看，近15年来，无论是发展中国家还是发达国家其用作饲料的玉米都逐年增加，用作口粮的数量在减少，用作工业原料和食品加工的玉米在增加。以中国为例，20世纪90年代前期，饲料工业和畜牧业迅速发展，1993年，饲用玉米消费量达到6200万吨，占玉米总消费量的67%，1995年该项指标迅速达到77%，玉米总消费增量几乎全部由饲用玉米消费增量体现。20世纪80年代全世界用作工业饲料的玉米2.64亿吨，用作口粮的玉米0.66亿吨，用作工业原料的玉米0.44亿吨。进入90年代，上述三个指标分别为3.52亿吨、0.59亿吨、0.56亿吨。1996年美国生产工业饲料耗用玉米12700万吨，占玉米总产量的53%。欧洲地区消费饲料玉米6600万吨，中国生产工业饲料耗用玉米3498万吨，日本消费玉米1662万吨，巴西生产饲料耗用玉米1520万吨，法国饲料用玉米1326万吨，韩国饲料用玉米852万吨。

美国的玉米产量占全世界总产量的40%。纵观几十年来美国

玉米糕

的玉米市场消费趋势可见，20世纪50年代美国的玉米产品用作饲料的占85.7%，工业原料、食品占8.08%，出口占5.17%；60年代饲料用玉米占81.76%，工业原料、食品占8.23%，出口占12.38%；70年代饲料占66.02%，工业原料、食品占8.77%，出口占25.21%；80年代至90年代初，用作饲料的玉米占59.36%（12237万吨），用作工业原料、食品占11.65%（2401万吨），出口占 28.63%（5902万吨）。由此可见，在美国虽然用作饲料的玉米比例在下降，但饲料仍是消耗玉米最多的产业，出口量增加迅速，用作工业原料和食品加工的玉米消费量较为稳定。

中国改革开放以来，随着畜牧业的大发展，人民生活水平的提高，玉米工业的发展，玉米已成为粮食、饲料、工业原料和出口商品的多用途作物。中国的玉米消费是20世纪80年代口粮比例占38%，消费玉米2588万吨，饲料用玉米占48%（工业饲料和传统饲料），消耗玉米3269万吨，出口占11%，出口玉米749万吨，工业原料和食品加工占3%，耗用玉米205万吨左右。进入20世纪90年代，人们直接消费的玉米比重在下降。全国口粮消费玉米大约占玉米总产量的19%，消费玉米量约为1870万吨；玉米作为饲料消费在中国有两种情况。一是加工生产成配合饲料。中国近年配合饲料产量约4800万吨，按60%比率折算，年消耗玉米2880万吨。二是传统的把玉米直接用于饲料的消费。在农村中，主要是把玉米直接作饲料喂饲大牲畜、猪和家禽。据专家估计，这种传统的饲喂方式每年估计消耗玉米3500万吨左右，这两项每年消费玉米约6380万吨，占玉米总产量的68%。

除食用外，玉米也是工业酒精和烧酒的主要原料。籽粒加工方式有多种：湿磨法是将籽粒在稀的亚

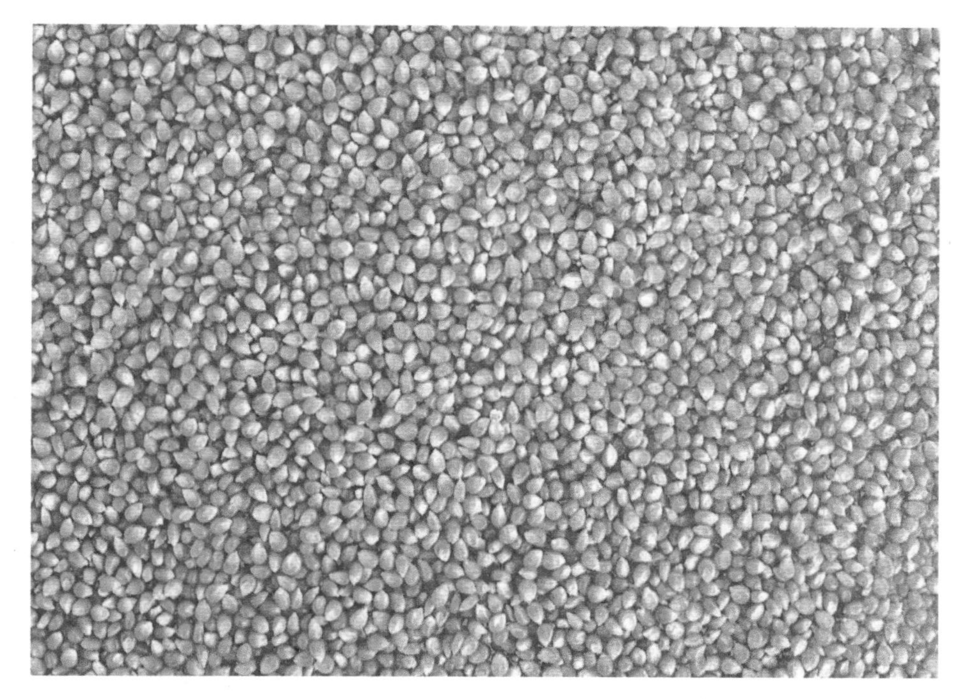

玉米粒

硫酸溶液中浸泡40～60小时；干磨法是用喷雾或蒸汽使籽粒短期濡湿；发酵法是将淀粉转化为糖，又加酵母使糖转变为酒精。植株的其他部分用途也相当广泛：玉米秆用于造纸和制墙板；苞叶可作填充材料和草艺编织；玉米穗轴可作燃料，也用来制工业溶剂，茎叶除用作牲畜饲料外，还是沼气池很好的原料。

玉米是重要的工业原料，也可加工成精制的玉米食品。中国目前用于工业原料和食品工业的玉米大约占玉米总产量的5%左右，年消耗玉米250万吨左右。中国1990—1994年平均出口玉米820万吨，占玉米总产量的8%左右。1995年之后又转向大量进口玉米。近10年来，中国玉米消费趋势是用于生产配合饲料的玉米数量猛增，用于口粮的玉米逐年减少，用作工业原料和食品加工的玉米增长缓慢，从玉米出口国变为玉米进口国家。

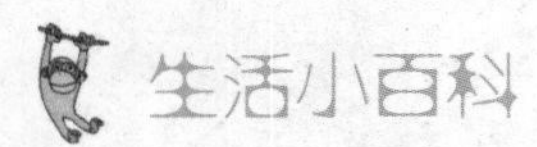


## 玉米粉的营养价值

（1）维生素含量非常高

玉米中含有大量的营养保健物质，除了含有碳水化合物、蛋白质、脂肪、胡萝卜素外，玉米中还含有核黄素等营养物质。专家们对玉米、稻米、小麦等多种主食进行了营养价值和保健作用的各项指标对比，结果发现，玉米中的维生素含量非常高，为稻米、小麦的5~10倍，而特种玉米的营养价值要高于普通玉米。比如，甜玉米的蛋白质、植物油及维生素含量就比普通玉米高1～2倍，“生命元素”硒的含量则高8～10倍，其所含有的17种氨基酸中，有13种高于普通玉米。

（2）钙含量接近乳制品

科学检测证实，每100克玉米能提供近300毫克的钙，几乎与乳制品中所含的钙差不多。丰富的钙可起到降血压的功效。如果每天摄入1克钙，6周后血压能降低9%。玉米中的植物纤维素能加速致癌物质和其他毒物的排出；天然维生素E则有促进细胞分裂、延缓衰老、防止皮肤病变的功能，还能减轻动脉硬化和脑功能衰退。玉米含有的黄体素、玉米黄质可以对抗眼睛老化，刺激大脑细胞，增强人的脑力和记忆力。

（3）可降低人体胆固醇

玉米粉

美国科研人员在研究中还发现，经常食用玉米皮和玉米油对降低人体胆固醇十分有益。他们曾选择平均年龄为55岁的70位老人，其中50男20女，这些人的胆固醇含量都比较高，而且住院治疗时间都在2年以上而效果不理想。这些人在接受试验时，研究人员把玉米经过精磨细研，并佐以蒜粉、黑胡椒、芹菜等作料，用西红柿或汤调和成食物，试验前一个半月每人每天吃20克，后一个半月每人每天吃40克，三个月后再经检查，发现70个人血液中的甘油三脂都有所下降，有60个人的胆固醇降低了。

（4）具有防癌抗癌作用

玉米中所含的谷胱甘肽，是抗癌因子，它能与其他一些物质结合，使之失去致癌性。玉米中所含的胡萝卜素，被人体吸收后能转化为维生素A，具有一定的防癌作用。玉米中所含较多的植物纤维素，有润肠通便之功，能加速致癌物质和其他毒物的排出，从而减少结肠癌发生的可能性。科学家认为，从健康的角度说，人们食用玉米油远比食用花生油及其他植物油的好处要大。在磨得很粗的玉米面中含有大量白胺酸和麸胱甘肽，能抑制抗癌药物对人体产生的副作用，还能抑制肿瘤生长。因为麸胱甘肽能像枷锁一样锁住致癌物质的生长，使其失去毒性，最终将其排出体外。

（5）辅助治疗多种疾病

玉米粉

医学认为，玉米性平味甘，有开胃、健脾、除湿、利尿等作用，主治腹泻、消化不良、水肿等。玉米中含有丰富的不饱和脂肪酸，尤其是亚油酸的含量高达60%以上，它和玉米胚芽中的维生素E协同作用，可降低血液胆固醇浓度并防止其沉积于血管壁。因此，玉米对冠心病、动脉粥样硬化、高脂血症及高血压等都有一定的预防和治疗作用。维生素E还可促进人体细胞分裂，延缓衰老。玉米中还含有一种长寿因子——谷胱甘肽，它在硒的参与下，生成谷光甘肽氧化酶，具有恢复青春、延缓衰老的功能。而丰富的钙、磷、镁、铁、硒等，及维生素A、B、E和胡萝卜素等，对胆囊炎、胆结石、黄疸型肝炎和糖尿病等有辅助治疗作用。

玉米粉的功效与作用如下：

（1）玉米具有调中开胃，益肺宁心，清湿热，利肝胆，延缓衰老等功能。

（2）玉米在所有主食中，玉米的营养价值和保健作用是最高的。

（3）玉米中的维生素含量非常高，是稻米、小麦的5～10倍。

（4）玉米中含有大量的营养保健物质。

（5）玉米含有碳水化合物、蛋白质、脂肪、胡萝卜素。

（6）玉米中还含有核黄素、维生素等营养物质。这些物质对预防心脏病、癌症等疾病有很大的好处。

◆**玉米的营养价值**

（1）可利用能量高

玉米的代谢能为14.06兆焦尔/千克，高者可达15.06兆焦尔/千克，是谷实类饲料中最高的。这主要由于玉米中粗纤维很少，仅2%；而无氮浸出物高达72%，且消化率可达90%；另一方面，玉米的粗脂肪含量高，在3.5%至4.5%之间。据研究测定，每100克玉米含热量106千卡，纤维素2.9克，蛋白质4.0克，脂肪1.2克，碳水化合物22.8克，另含矿物质元素和维生素等。玉米中含有较多的粗纤维，比精米、精面高4～10倍。玉米中还含有大量镁，镁可加强肠壁蠕动，促进机体废物的排泄。玉米上述的成份与功能，对于减肥非常有利。玉米成熟时的花穗玉米须，有利尿作用，也对减肥有利。

玉米可煮汤代茶饮，也可粉碎后制作成玉米粉、玉米糕饼等。膨化后的玉米花体积很大，食后可消除肥胖人的饥饿感，但食后含热量很低，也是减肥的代用品之一。

（2）亚油酸含量较高

玉米的亚油酸含量达到2%，是谷实类饲料中含量最高者。如果玉米在日粮中的配比达50%以上，仅玉米即可满足猪、鸡对亚油酸的需要量。

（3）蛋白质

玉米中的蛋白质含量偏低，且品质欠佳。玉米的蛋白质含量约为8.6%左右，且氨基酸不平衡，赖氨酸、色氨酸和蛋氨酸的含量不足。

（4）矿物质

玉米中的矿物质约80%存在于胚部，钙含量很少，约0.02%；磷约含0.25%，但其中约有63%的磷以植酸磷的形式存在，单胃动物的利用率很低。其他矿物元素的含量也较低。

（5）维生素

玉米中的脂溶性维生素中维生素E较多，约为20毫克/千克，黄玉

玉米种植

米中含有较多的胡萝卜素，维生素D和K几乎没有。水溶性维生素中含硫胺素较多，核黄素和烟酸的含量较少，且烟酸是以结合型存在。

（6）叶黄素

黄玉米中所含叶黄素平均为22毫克/千克，这是黄玉米的特点之一，它对蛋黄、胫、爪等部位着色有重要意义。现代研究证实，玉米中含有丰富的不饱和脂肪酸，尤其是亚油酸的含量高达60%以上，它和玉米胚芽中的维生素E协同作用，可降低血液胆固醇浓度并防止其沉积于血管壁。因此，玉米对冠心病、动脉粥样硬化、高脂血症及高血压等都有一定的预防和治疗作用。维生素E还可促进人体细胞分裂，延缓衰老。玉米中还含有一种长寿因子——谷胱甘肽，它在硒的参与下，生成谷光甘肽氧化酶，具有恢复青春，延缓衰老的功能。玉米中含的硒和镁有防癌抗癌作用，硒能加速体内过氧化物的分解，使恶性肿瘤得不到分子氧的供应而受到抑制。镁一方面也能抑制癌细胞的发展，另一方面能促使体内废物排出体外，这对防癌也有重要意义。其含有的谷氨酸有一定健脑功能。

德国营养保健协会的一项研究表明，在所有主食中，玉米的营养价值和保健作用是最高的。可预防心脏病和癌症，在这项持续一年的研究中，专家们对玉米、稻米、小麦等多种主食，进行了营养价值和保健作用的各项指标对比。结果发

现，玉米中的维生素含量非常高，为稻米、小麦的5～10倍。同时，玉米中含有大量的营养保健物质也让专家们感到惊喜。除了含有碳水化合物、蛋白质、脂肪、胡萝卜素外，玉米中还含有核黄素、维生素等营养物质。这些物质对预防心脏病、癌症等疾病有很大的好处。

研究还显示，特种玉米的营养价值要高于普通玉米。比如，甜玉米的蛋白质、植物油及维生素含量就比普通玉米高1～2倍；“生命元素”硒的含量则高8～10倍；其所含有的17种氨基酸中，有13种高于普通玉米。此外，鲜玉米的水分、活性物、维生素等各种营养成分也比老熟玉米高很多，因为在贮存过程中，玉米的营养物质含量会快速下降。

（7）含有7种“抗衰剂”

负责这项研究的德国著名营养学家拉赫曼教授指出，在当今被证实的最有效的50多种营养保健物质中，玉米含有7种——钙、谷胱甘肽、维生素、镁、硒、维生素E和脂肪酸。经测定，每100克玉米能提供近300毫克的钙，几乎与乳制品中所含的钙差不多。丰富的钙可起到降血压的功效。如果每天摄入1克钙，6周后血压能降低9%。此外，玉米中所含的胡萝卜素，被人体吸收后能转化为维生素A，它具有防癌作用；植物纤维素能加速致癌物质和其他毒物的排出；天然维生素E则有促进细胞分裂、延缓衰老、降低血清胆固醇、防止皮肤病变的功能，还能减轻动脉硬化和脑功能衰退。研究人员指出，玉米含有的黄体素、玉米黄质可以对抗眼睛老化。此外，多吃玉米还能抑制抗癌药物对人体的副作用，刺激大脑细胞，增强人的脑力和记忆力。

最近，采用高科技生物工程技术，对玉米进行淀粉糖深加工，提炼出玉米的营养物质——高能寡糖。高能寡糖是淀粉糖的深加工产

玉　米

品，加工工艺是在高温高压下通过脱色、离子交换、浓缩而成的。一是提供人体所需养料；二是帮助人体内有益菌快速繁殖，增强抵抗力。尤其对肠道健康有益。

玉米是粗粮中的保健佳品，对人体的健康颇为有利：玉米中的维生素、烟酸等成分，具有刺激胃肠蠕动、加速粪便排泄的特性，可防治便秘、肠炎、肠癌等。玉米富含维生素C等，有长寿、美容作用。玉米胚尖所含的营养物质有增强人体新陈代谢、调整神经系统功能。能起到使皮肤细嫩光滑，抑制、延缓皱纹产生作用。玉米有调中开胃及降血脂、降低血清胆固醇的功效。中美洲印第安人不易患高血压与他们主要食用玉米有关。

## 五类人养生禁忌

（1）消化能力有问题的人

消化能力有问题的人(例如，胃溃疡、十二指肠溃疡)不适合吃五谷杂粮，因为这些食材较粗糙，跟胃肠道物理摩擦，会造成伤口疼痛。容易胀气的人，吃多了也不舒服。提醒：有肠胃疾病的人，别吃太多荞麦类，因为荞麦类容易有消化不良的问题；也要斟酌吃大豆类，避免胀气。

（2）贫血、少钙的人

谷物的植酸、草酸含量高，会抑制钙质，尤其抑制铁质的吸收，所以缺钙、贫血的人，更要聪明吃，例如，牛奶不能跟五谷饭一起吃，才不会吸收不了钙质。另外，红肉所含的血基质铁，可不受植酸影响，但老人家多半不敢吃红肉，加上如果为了健康一味吃五谷杂粮，会很糟，有些人因为杂粮吃太多，贫血一直无法改善。女性也是一样，如有贫血问题，又喜欢吃杂粮，一定要补充红肉，一天的肉类来源有一半必须是红肉。

（3）肾脏病人

肾脏病人反而需要吃精致白米。因为五谷杂粮的蛋白质、钾、磷含量偏高，当成主食容易吃多，病人身体无法耐受。

（4）糖尿病人

粗　粮

糖尿病人要控制淀粉摄取，即使吃五谷杂粮，也要控制份量。而且五谷杂粮虽然因为纤维够，有助于降血糖，医护人员多鼓励糖尿病人吃，但一旦糖尿病合并肾病变，这时就不能吃杂粮饭，得回过头来吃精白米，不少病人因此困惑不已。

（5）痛风病人

痛风病人吃多豆类，会引发尿酸增高，五谷当中的豆类摄取份量就要降到最低。

◆**玉米的饲用价值**

饲料用玉米以硬玉米及凹玉米为主。硬玉米叶黄素含量较高，着色能力较优，而且硬度高，锤碎机粉碎后细度均匀，鸡较嗜食，故硬玉米宜用家禽。凹玉米含粉质淀粉较多，味较甜，故宜用猪饲料。凹玉米淀粉质较软，易于糊化，故熟化处理亦宜选用凹玉米。

（1）鸡

鸡的饲料原料中以玉米最重要，此乃因玉米热能高，最适合肉鸡肥育用，且黄色玉米对蛋黄，脚色及肤色的着色甚具效果，蛋鸡饲料中亦广为使用。在鸡的配合饲料中，玉米的用量高达50%～70%。就鸡而言，比较各种谷物蛋白的价值，除了高赖氨酸玉米、高赖氨

玉米混合饲料

酸，蛋氨酸玉米及新种大麦外，效果最好便是凹形玉米。玉米细度会影响鸡采食量，以稍粗较适合，但也有报告认为，蛋鸡饲以2.8毫米以上粒度或1.4毫米以下粒度均不影响饲养成绩。选用蛋鸡饲料的谷物多取决于价格的比较，如果少用玉米时，必须寻求亚油酸来源以供所需，以免影响蛋重。

（2）猪

玉米对猪的效果也很好，但要避免过量使用，防热能太高影响背脂厚度。因玉米粒太硬，太干燥，20千克以内的小猪仍以细碎为宜，但太粉则有诱发胃溃疡可能，至于大猪仍以粗点较佳。由于玉米缺乏赖氨酸，故任何阶段猪饲料均应酌量添加合成赖氨酸。

最近对加工玉米有不少研究，压片玉米喂肥育猪时不影响氮的滞留量，但可提高干物质消化率及淀粉利用率。以玉米喂猪，比较干饲及湿饲，肥育成绩及背脂厚度并无差异，但采食量以湿饲较高。

（3）反刍动物

玉米适口性好，能量高，可大量用于牛的混合精料中，但最好与其他体积大的糠麸类饲料并用，以防积食和引起膨胀。高赖氨酸玉米对牛并无明显效果。牛对β－胡萝卜素转换成维生素A的能力比其他家畜差。小牛或泌乳期乳牛，饲以碎玉米，因营养平衡，摄取容易，比全粒玉米消化较好，利用效率较佳，但330千克左右的肉牛，粉碎与否差异不大。压片玉米饲喂肥育牛效果亦佳，此乃因淀粉α化所致。

1960年以来，各种加工谷物对牛影响的研究相当多。显示压片玉米饲喂肉牛，在饲料效率及成长方面均优于制粒、细碎或粗碎的玉米。玉米亦为马、羊的优良热能来源，应配合其他松积性原料，如燕麦、麸皮、粗料等并用之。

（4）水产

玉米用在肉食性鱼类，效果不良，其理易明，但即使用在杂食性及草食性鱼类，利用率似乎也比麦类谷物差很多，甚至会因玉米的角质淀粉部位，颗粒太硬，食后无法消化，造成胃胀，肠或肛门阻塞而导致死亡。因此除非熟化，避免使用生玉米于水产饲料中，即使熟化后玉米，对水产动物的价值仍是未知数，尚待学者专家们研究。

**◆玉米的食疗价值**

（1）玉米须饮

玉米须30克洗净，加水500克，小火煮30分钟，静置片刻，滤取汁液，加白糖适量饮用。可利尿消肿、退黄、降压。水肿、高血压、慢性肾炎患者可作为食疗饮料。

（2）婴儿湿疹偏方

选用白菜或卷心菜适量（其他

玉米饼

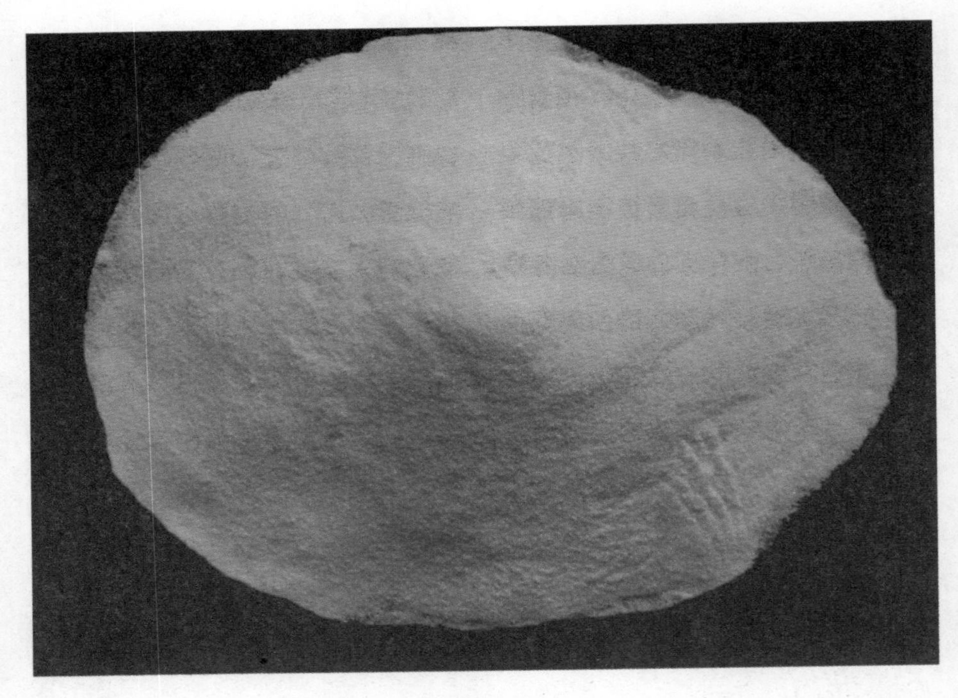

玉米淀粉

新鲜蔬菜亦可），将菜叶切碎后倒入沸水中煮15分钟制成菜泥。用细玉米面20～30克煮成粥，再加适量菜泥、冰糖煮成菜粥，分数次适量喂养婴儿。

（3）玉米刺梨汤

玉米30克，刺梨15克。加水煎汤服或代茶饮。该品与刺梨配伍，有健胃消食及清暑的作用。用于脾胃不健，消化不良，饮食减少或腹泻，兼有暑热者尤为适宜。

（4）玉米茶

玉米30克，玉米须15克。加水适量，煎汤代茶饮。

（5）玉米粉

玉米粉30～60克，先把锅中水烧开，再撒入玉米粉，搅匀成稀糊状，待煮熟时加入脂麻油、姜、食盐调味服食。用于高血压、高脂血症、冠心病。

知识小百科

## 玉米的美味食谱

（1）排骨玉米汤

【材料】：排骨1斤，玉米3条，水8～10杯，盐1/3大匙，柴鱼味精1/3大匙，香油适量。

【做法】：

A.将排骨洗净后用热水汆烫去血水，再捞起洗净沥干备用。玉米洗净切段备用。

玉米排骨汤

B.将所有材料及调味料一起放入内锅，加热煮沸后改中火煮约5～8分钟，加盖后熄火，放入焖烧锅中，焖约2小时即可打开盛起食用。

（2）三丁玉米

【材料】：玉米粒1碗200克，青豆40克，泡开香菇2朵，20克，胡萝卜丁40克。

【调味料】：盐1/2小匙 高汤2汤匙 糖1/3汤匙 淀粉水1/3汤匙 香油1小匙。

【制作方法】：

A.将玉米粒、胡萝卜丁、青豆用开水氽烫。

B.锅热加入2碗油烧到中温，将所有材料下锅拉油捞起。

C.锅内留油一汤匙倒入材料及调味料翻炒均匀加入淀粉水勾芡，淋上香油盛于盘上即成。（注：此道菜包含有红、黄、绿色之多种营养成分，是餐桌上最好的一道菜。）

（3）玉米粥

【原料】：玉米粉50克，粳米50克。

【制作方法】：

A.将玉米粉用适量的冷水调和，再将淘洗干净的粳米人锅，加水适量，用武火烧开。

B.加入玉米粉，转用文火熬煮成稀粥.

用法：每日早、晚温热服用。功效：降脂降压。适用于动脉硬化、梗死、中风、高血脂症等。

（4）玉米切糕

【原料】：玉米面500克，木薯粉25克，糯米粉25克，椰子汁300

玉米粥

克，牛奶250克。

【调料】：白砂糖50克，盐适量。

【制作方法】：

A.玉米面加入牛奶搅匀，过滤取汁，加入盐、糖拌匀，倒入锅中，用旺火煮成浓汁，盛入盆中，待冷却后放进冰箱冷藏成糕状，备用。

B.将木薯粉、糯米粉、椰子汁放入锅中拌匀，用文火煮至熟，浇在玉米糕上摊平，冷却后即可食用。

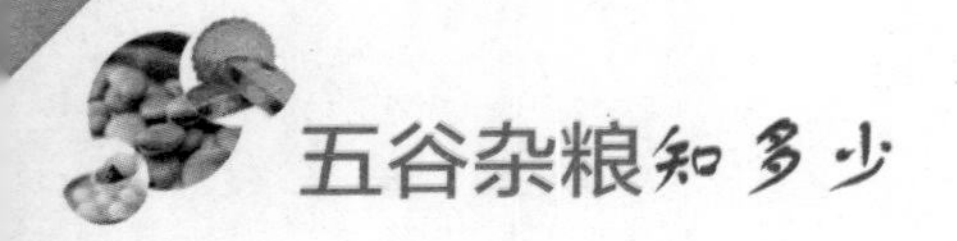


# 玉米深加工行业

玉米在世界的粮食生产中占有相当重要的地位。目前，我国的玉米年产量位于美国之后居世界第二位。玉米是我国三大主要粮食作物之一，用途广、产业链长，不仅可以作为食品和饲料，还是一种重要的可再生的工业原料，在国家粮食安全中占有重要的地位。

玉米全身都是宝，其在国外加工业中已达数千个品种，加工回收率高达98%。以玉米为原料的加工业包括食品加工业、饲料加工业和深加工业等三个方面，其中玉米深加工业是指以玉米初加工产品为原料或直接以玉米为原料，利用生物酶制剂

玉米油

催化转化技术、微生物发酵技术等现代生物工程技术并辅以物理、化学方法，进一步加工转化的工业。经过深加工之后，玉米产品的附加值比卖玉米原粮增加效益3～100倍以上。随着消费者购买力的增强以及对自身健康的日益关注，作为健康食品概念的玉米深加工产品市场容量将不断扩大。我国玉米深加工工业比较落后，80%以上的玉米以原粮状态直接上市或者经过初级加工进入消费。与发达国家农产品增值程度相比，我国的差距很大，这昭示着我国玉米深加工业有着巨大的发展空间，属于朝阳行业。

**◆玉米深加工技术**

玉米深加工技术大致可分为两类：一是湿法加工，其主产品有淀粉、乙醇和高果糖浆，而副产品有玉米油、玉米蛋白饲料、谷朊粉和二氧化碳。二是干法加工，其主产品为乙醇(饮用乙醇、和燃料乙醇)，副产品为饲料和二氧化碳。

（1）湿法加工技术

湿法加工尽管有产品附加值较高、产品种类较多，因而能根据市场供求情况而及时调整生产计划等优点，但其流程相当复杂，建厂的投资费用颇高，玉米的浸渍时间很长，水的处理量大(通常以蒸发器浓缩)，因而是耗能的大用户。

湿法加工技术的新趋势主要涉及加酶湿法加工和膜分离技术的应用。玉米浸渍过程的耗资量(投资和能耗)高达湿法加工过程的1/5。其原因是：现有的浸渍时间长达30小时；浸渍时又需加入二氧化硫，这为后序工段带来麻烦。已对湿法加工方法提出多种改进方案，其中有前景者首推加酶湿法加工法。其具体过程如下：

①玉米粒用水进行短暂浸泡以使胚芽完全水合而变软，在紧接着的玉米粗磨阶段胚芽不会断裂。

②玉米粗浆加酶培养。以后的

玉米深加工技术

流程与传统方法相同。此法消除了酶渗透进入胚乳的扩散障碍，并与蛋白质发生反应，故浸渍时间仅为传统方法的30%或甚至更短。加酶湿法加工的优点为：浸渍时间短，故投资小，耗能低；用水量大大减少；酶可反复使用。

目前加酶湿法加工的主要问题是酶价太高。但随着生物技术的进展，酶价问题将在几年内解决，因而加酶湿法加工技术的工业化亦已不再是遥不可及的事情。

在传统湿法加工中，玉米浸渍水的分离和利用存在较大问题：浸渍水在蒸发器浓缩，浓缩物经干燥并入玉米蛋白饲料(一种价格低廉的副产品)；大量水蒸发的耗能极大；浸渍水所含的长链蛋白质和糖常常会污染蒸发器，故维修费用颇高。

膜分离技术的应用，为浸渍水的分离和利用打开了新的途径。浸渍水的膜分离一般遵循两种路线：

A.用无机膜分离浸渍水。截留物包含长链蛋白质，干燥后并入谷朊粉(一种价格为玉米蛋白饲料四倍的副产品)。透过液在蒸发器浓缩，在此很少发生污染。透过液亦可经消毒而直接进入发酵工段。

B.浸渍水在进入蒸发器前，先用反渗透膜除去57%的水，由此大大降低蒸发所需的能耗。蒸发浓缩物经干燥后并入玉米蛋白饲料。

在传统湿法加工中，谷蛋白的浓缩采用离心机，从而导致谷蛋白的大量流失。用膜分离取代离心机之后，能截留全部不溶性的谷蛋白和部分可溶性蛋白质，由此而使谷朊粉的产量大增，而透过液则可用来洗涤纤维和胚芽。

玉米淀粉水解液(玉米糖浆)传统的澄清方法采用真空回转过滤器，尽管此法的投资费用较低，但却涉及助滤剂的分离、填埋和其他处理问题，从而大大提高了操作成本。另外，由于玉米糖浆经膜分离，消除了蛋白质和其他非糖物质，因此还会降低后序单元活性炭的消耗量并延长离交树脂的使用寿命。

在改性淀粉的生产过程中，总涉及化学品的分离问题。传统的分离方法会损失5%～8%的淀粉，而膜分离法却无淀粉损失，同时还省却了清除工艺水中残存淀粉的费用。

（2）干法加工技术

①我国玉米干法加工概况

在20世纪90年代，我国通过技术引进，在玉米主产地辽宁、吉林等省兴建了一批代表当时世界先进水平的玉米干法加工厂，主要采用水汽调节的半湿法联产加工工艺，生产的产品种类多、质量优。这次

玉米深加工产业

引进使我国的玉米干法加工技术有了质的飞跃。随后我国自行开发出全干法生产玉米粉工艺和玉米提胚制粉工艺，但由于下游产品开发力度不够，需求量过小，导致供远大于求，这些厂先后因市场问题和经营不善停产，生产相关设备的粮食机械厂也随之转行。

目前国内玉米干法加工工艺大体分为两类，一类是提胚制粉工艺，主要用于生产食品级玉米粉，另一类是干法脱胚工艺，主要用于生产燃料酒精。现有的生产食品级玉米粉的玉米干法加工厂大多是私营企业，日处理量50t，少数达100t。采用的工艺是省略了着水调质的玉米提胚制粉工艺。

省去着水调质的目的是为了省略后续的烘干设备。该工艺要求原粮水分基本控制在14%～15%，为自然晾干或陈化的角质率高的玉米，这样可减少筛理步骤；脱皮工段选用三道立式金刚砂脱皮机或是两道卧式金刚砂脱皮机；破糁脱胚机采用双辊卧式破糁脱胚机，提胚机使用国内产品；筛理部分采用双仓平筛，处理量大时使用高方平筛；研磨采用国产气压磨粉机。

工艺效果来看，产品质量好，糁和粉的油脂含量和纤维含量都小于1%，但因省去了前道脱皮与脱胚时的筛理，易造成提胚机及其他部位的下脚料中存在大量玉米糁，导致总得率仅为52%，浪费严重。

从企业效益来看，采用简易的提胚制粉工艺完全可以满足私营业主的要求。例如，日处理50t的加工厂投资仅50万，1到2年内就能收回成本。

目前产品品种包含大、中、小糁，中、小糁销路好，主要用于制作玉米粥和膨化食品。

对于生产用于燃料酒精的玉米干法加工厂，脱胚车间采用半湿法联产工艺，并简化了筛理工段，最终产品是既含胚乳又含皮的混合

硬玉米

物，且由于处理量大，相应所得胚芽量也比较大，加上玉米胚芽油有较高的副价值，企业更关心胚芽的提取率和纯度。目前采用干法提胚加工生产燃料酒精的仅黑龙江肇东华润燃料酒精有限公司。

总体看来，国内玉米干法加工技术水平仍停滞在20世纪90年代的水平，下游产品的需求量不大，国内还没有用于生产食品级玉米粉的半湿法联产加工生产线。

②干法加工新趋势

世界上燃料乙醇的生产主要使用干法加工技术。但是，鉴于如下的各种原因，自20世纪90年代以来，干法加工技术已裹足不前，从而影响到燃料乙醇规划的实施：干法加工中，原料成本约占总成本的60%，但干法加工的业者却无力控制原料价格。随着加工技术的改进，每吨产品的能耗已经降得很低，似乎已无进一步改进的余地。高附加值副产品的开发和被市场接纳被认为是干法加工的唯一出路，但这一过程(特别是功能性食品)常常是既费时，又是代价昂贵的痛苦过程。10多年来，已提出了一系列的改进方法：

A.改良干法

玉米粒经短暂浸泡(3～12小时)、粗磨、分离出胚芽和纤维、细磨，再经蒸煮等与干法相同的一系列步骤。与干法相比，此法能取得胚芽(玉米油)和纤维等副产物。

B.萃取发酵法

乙醇的生成和回收在同一容器内完成，能提高原料转化率。

C.发酵—蒸馏耦合技术

此法能提高原料转化率和降低能耗。

D.序列萃取法

以含水乙醇从粉碎的玉米中萃取出玉米油，然后再萃取出蛋白质，与此同时，玉米从乙醇中吸收水分，并生成燃料乙醇。以氢氧化钙溶液从淀粉—纤维混合物中提取

玉　米

纤维而生成一种阿拉伯树胶的替代品。

E.发酵—渗透汽化膜耦合技术

发酵—渗透汽化膜耦合技术能提高原料转化率和降低能耗。

但是，以上改进方法，由于种种原因迄今未见有工业化的报道。在以上的改进方法中，除改良干法和序列萃取法以外，均未涉及高附加值副产物的生产，因此其效果相当有限，更不必奢望突破性的进展。

**◆我国玉米深加工发展现状**

我国玉米深加工业的发展是从20世纪90年代初期开始的，2000年之后，伴随着国际市场上以石油为代表的国际能源价格的飞速上涨，在世界范围内出现了寻求替代能源的热潮，刺激了我国玉米深加工业的飞速发展，加工能力不断提高，其消耗玉米量也呈现出了快速增长的势头。

“十五”期间我国玉米消费量从2000年的1.12亿吨增长到2005

年的1.27亿吨，年均增长2.5%。2006年国内玉米消费量(不含出口)为1.34亿吨，比2005年增长5.5%；其中，饲用消费8400万吨，占国内玉米消费总量的64.2%，比重呈下降趋势；深加工消耗玉米3589万吨，占消费总量的26.8%，比重呈增长趋势；种用和食用消费相对稳定。特别需要注意的是，近两年来随着化石能源在全球范围内的供应趋紧，以玉米淀粉、乙醇及其衍生产品为代表的玉米深加工业发展迅速，成为农产品加工业中发展最快的行业之一，并表现出如下特点：

（1）深加工消耗玉米量快速增长。

2006年深加工业消耗玉米数量比2003年的1650万吨增加了1839万吨，累计增幅117.5%，年均增幅高达29.6%。

（2）企业规模不断提高。

玉米加工企业通过新建、兼并和重组等方式，提高了产业集中程度，出现了一批驰名中外的大型和特大型加工企业，拥有玉米综合加工能力且在多元醇加工领域拥有核心技术的大型企业。

（3）产品结构进一步优化。

玉米加工产品逐渐由传统的初级产品淀粉、酒精向精深加工扩展，氨基酸、有机酸、多元醇、淀粉糖和酶制剂等产品所占比重不断扩大，产业链不断延长，资源利用效率不断提高。

（4）产业布局向原料产地转移的趋势明显。

2006年，东北三省、内蒙古、山东、河北、河南和安徽等8个玉米产区深加工消耗玉米量合计2965万吨，占全国深加工玉米消耗总量的82.6%。